石油和化工行业"十四五"规划教材

食品节能干燥技术

Energy-Efficient Drying Technologies for Foods

曲 航 金成武 主编

宋 旭 副主编

化学工业出版社

· 北京 ·

内容简介

《食品节能干燥技术》入选石油和化工行业"十四五"规划教材。内容分为两个部分：前4章是基础部分，分别介绍食品节能干燥的基本知识、食品干燥的物料及其物化特性、食品干燥机制、干燥过程的能量分析；后4章介绍具体的干燥应用技术，包括渗透脱水与干燥、太阳能干燥、热泵干燥及介电干燥。各章均配有复习思考题。

《食品节能干燥技术》是高等院校食品专业或能源专业的本科和研究生教材，也可作为食品加工行业和干燥设备生产企业研发和技术人员的参考读物。

图书在版编目（CIP）数据

食品节能干燥技术 / 曲航，金成武主编；宋旭副主编. -- 北京：化学工业出版社，2025.6. --（石油和化工行业"十四五"规划教材）. -- ISBN 978-7-122-47979-2

Ⅰ. TS205.1

中国国家版本馆 CIP 数据核字第 2025RZ7163 号

责任编辑：傅四周　赵玉清　　　　文字编辑：张熙然
责任校对：李露洁　　　　　　　　装帧设计：韩　飞

出版发行：化学工业出版社
　　　　　（北京市东城区青年湖南街 13 号　邮政编码 100011）
印　　装：大厂回族自治县聚鑫印刷有限责任公司
787mm×1092mm　1/16　印张 9¾　字数 219 千字
2025 年 9 月北京第 1 版第 1 次印刷

购书咨询：010-64518888　　　　售后服务：010-64518899
网　　址：http://www.cip.com.cn
凡购买本书，如有缺损质量问题，本社销售中心负责调换。

定　　价：39.00 元

前　言

本书源于鲁东大学食品工程学院本科生讲授的选修课程"食品冷加工及节能干燥技术"自编讲义，该课程始于2016年，是学院根据自身学科特色开设的专业选修课程。

食品干燥是一个典型的学科交叉的领域，涵盖了食品科学和能源科学两大学科。在以往食品科学与工程本科教材中，食品干燥只占其中的一章，且历年的编书者多为食品专业出身，都是从自身学科角度出发对食品干燥进行解读。

本书系统讲述了食品干燥过程中，如何在保证干燥产品品质的前提下，根据不同食品的宏观和微观特性降低能耗。重点介绍了干燥设备能量分析的基本方法，以及干燥过程余热回收利用的关键节能技术，并介绍了太阳能干燥、热泵干燥、介电干燥等新能源及节能干燥技术。

本书的最大特色是学科交叉，食品干燥过程的节能与一般工业过程的节能有着本质的区别，必须在节能的同时最大限度地保留食品原材料的色泽、风味、质构、营养成分等品质要素。只有兼具食品科学和能源科学的知识，同时掌握食品原料的构造、特性及品质影响要素，以及能量系统分析的方法才能解决相关工程问题，进而为从宏观和微观两个层面解决科学问题、突破关键技术打下基础。

在充分研读现有相关教材的基础上，本书从一个关键性的视角——"节能"入手，紧跟食品干燥技术的研究现状及发展趋势，把重点放在当前占市场主体的热风干燥装置。从热风干燥的介质——湿空气的状态参数变化出发，从干燥装置的能量供给、能效不充分性着手，进行能量损失的评估，系统和科学地介绍了在有效保质基础上的食品干燥能耗的主要影响因素、节能的主要技术手段、食品干燥节能评价指标。本书还系统介绍了应用场所特殊的干燥手段——分离以及渗透干燥的能量分析和系统评价，前景较好的太阳能、热泵干燥及介电干燥，并由点及面分析了食品干燥面临的机遇与挑战。

本书视角独特，突破了一般食品加工与贮藏教材固有的边框，强调学科交叉，突出学生创新能力的培养，在当前提倡本科创新人才培养的背景下，容易被食品科学与工程专业以及能源与动力工程专业的高校教师和学生所接受；本书各章节的内容突出了干燥的两大要素——节能及保质，工程实用性强，并反映了食品干燥技术的最新进展，也适合作为食品加工行业技术和研发人员的参考书使用。

在本书的编写过程中，各位参编的教师齐心协力，不仅重新修订了各自编写的章节，还对全书的统稿和定稿建言献策，并进行了认真审阅，顺利完成了预期任务。其中，曲航担任本书第一主编，负责定稿，并编写其中两章，金成武担任本书第二主编，负责统稿，并编写其中两章，刘海梅、孙雪梅、宋旭、夏利江各编写了一章。研究生李婷婷、韩若琦和高大伟，本科生潘新亚和裴胜楠在编书和统稿期间做了大量细致深入的工作。本书部分内容，来源于我 2019 年到 2020 年间在澳大利亚昆士兰科技大学（QUT）Azharul Karim 教授课题组访学期间积累的资料。

本书的出版，是在鲁东大学 2023 年度优秀教材出版培育项目的资助下完成的，项目从始至终离不开鲁东大学教务处领导和老师的支持，离不开食品工程学院领导和同仁的关心和支持，在此表示感谢！

由于编者专业水平有限，且时间较为仓促，不足之处敬请各界人士批评指正。

曲航
2025 年 4 月于山东烟台

目　录

第1章　绪论 …………………………………………………………… 1

1.1　降低食品干燥能耗的必要性 …………………………………… 1

1.2　食品干燥的分类及其特点 ……………………………………… 2

1.2.1　食品干燥的分类 ……………………………………… 2

1.2.2　各类食品干燥的特点 ………………………………… 3

1.2.3　各类食品干燥的比较 ………………………………… 4

1.3　食品中水分的状态 ……………………………………………… 5

1.3.1　游离水和结合水 ……………………………………… 5

1.3.2　水分活度 ……………………………………………… 7

1.4　干燥对食品品质的影响 ………………………………………… 8

1.4.1　食品干燥中的物理变化 ……………………………… 9

1.4.2　食品干燥中的化学变化 ……………………………… 10

1.5　食品干燥技术的发展 …………………………………………… 14

第2章　食品干燥的物料及其物化特性 ……………………………… 16

2.1　食品干燥常用的原辅材料 ……………………………………… 16

2.1.1　粮食类原料 …………………………………………… 16

2.1.2　果蔬类原料 …………………………………………… 17

2.1.3　畜禽肉类原料 ………………………………………… 17

2.1.4　水产品类原料 ………………………………………… 17

2.2　食品物料的物性基础 …………………………………………… 18

2.2.1　食品物料的形态与物理性质 ………………………… 18

2.2.2　食品原料的主要成分 ………………………………… 20

2.2.3　食品的流变特性和质构特征 ………………………… 23

2.2.4　食品的热物性 ………………………………………… 27

第3章　食品干燥机制 ………………………………………………… 30

3.1　干燥机制 ………………………………………………………… 30

3.1.1 导湿性 ··· 31

3.1.2 导湿温性 ··· 33

3.1.3 导湿性与导湿温性的相互作用 ······················ 36

3.1.4 影响热湿传递的因素 ································· 36

3.2 干燥过程的特性 ··· 38

3.2.1 干燥曲线 ··· 38

3.2.2 干燥阶段 ··· 40

3.3 影响干制的因素 ··· 43

3.3.1 干制条件的影响 ··· 43

3.3.2 食品性质的影响 ··· 45

第 4 章 干燥过程的能量分析 ······································· 47

4.1 干燥的能耗及节能的意义 ··· 47

4.1.1 工业领域中的干燥能耗 ································· 47

4.1.2 降低干燥能耗的意义 ····································· 47

4.2 干燥设备的能耗分析 ··· 48

4.2.1 干燥物料所需的最小能量 ······························ 48

4.2.2 连续式对流干燥装置的热平衡 ······················ 49

4.2.3 传导式干燥装置的热平衡 ······························ 50

4.2.4 干燥装置的能量供给 ····································· 51

4.3 干燥设备能效评估及应对措施 ··································· 51

4.3.1 干燥过程中的能量损失 ································· 51

4.3.2 干燥设备的能效提升 ····································· 52

4.3.3 干燥设备热效率分析实例 ······························ 53

4.4 干燥设备的余热回收 ··· 54

4.4.1 热交换技术 ·· 54

4.4.2 热功转换技术 ··· 56

4.5 夹点分析 ··· 57

4.5.1 夹点分析的关键概念 ····································· 57

4.5.2 过程系统中夹点的意义 ································· 60

4.5.3 问题表格法 ·· 61

4.5.4 夹点分析在干燥过程中的应用 ······················ 64

第 5 章 渗透脱水与干燥 ··· 67

5.1 渗透脱水 ··· 67

5.1.1 渗透压 ··· 67

5.1.2 渗透脱水与细胞结构 ····································· 68

5.1.3　渗透脱水的基本原理 ···································· 69
5.2　渗透脱水的传质运动学 ····································· 70
5.2.1　化学势的驱动作用 ····································· 70
5.2.2　传质与渗透脱水效率 ··································· 72
5.2.3　数学模型 ··· 72
5.2.4　过程参数对传质运动的影响 ····························· 73
5.3　渗透脱水的影响因素 ······································· 74
5.3.1　外在影响因素 ··· 74
5.3.2　内在影响因素 ··· 76
5.4　预脱水处理 ··· 76
5.4.1　去皮处理 ··· 77
5.4.2　切块处理 ··· 77
5.4.3　烫漂处理 ··· 77
5.4.4　浸泡处理 ··· 77
5.5　渗透脱水的实际应用 ······································· 77
5.5.1　渗透脱水-热风组合干燥 ································· 78
5.5.2　渗透脱水-冷冻组合干燥 ································· 78
5.5.3　渗透脱水-真空组合干燥 ································· 79
5.5.4　渗透脱水-微波组合干燥 ································· 80

第6章　太阳能干燥 ·· 82
6.1　太阳辐射的基本知识 ······································· 82
6.1.1　太阳光谱 ··· 82
6.1.2　到达地面的太阳辐射 ··································· 83
6.2　太阳能干燥的基本原理 ····································· 83
6.2.1　露天干燥 ··· 85
6.2.2　自然对流模式下的温室干燥 ····························· 85
6.2.3　强制对流模式下的温室干燥 ····························· 86
6.3　太阳能干燥装置 ··· 87
6.3.1　太阳能干燥装置分类 ··································· 87
6.3.2　太阳能空气集热器 ····································· 92
6.3.3　太阳能干燥装置的蓄热 ································· 95

第7章　热泵干燥 ··· 100
7.1　热泵干燥的基本原理 ······································ 100
7.1.1　热泵干燥系统的组成 ·································· 100
7.1.2　热泵干燥系统的热力循环 ······························ 101

　　7.1.3　热泵干燥系统性能主要评价指标 ……………………… 102

　7.2　热泵干燥装置的分类 ……………………………………… 103

　　7.2.1　空气能热泵干燥系统 …………………………………… 104

　　7.2.2　太阳能辅助热泵干燥系统 ……………………………… 105

　　7.2.3　地热能热泵干燥系统 …………………………………… 105

　　7.2.4　生物质热泵干燥系统 …………………………………… 106

　7.3　不同压缩级的热泵干燥装置 ……………………………… 107

　　7.3.1　单级压缩热泵干燥装置 ………………………………… 108

　　7.3.2　单级蒸气压缩热泵干燥系统的设计 …………………… 114

　　7.3.3　多级压缩式热泵干燥系统 ……………………………… 118

　7.4　热泵干燥装置的应用和发展趋势 ………………………… 121

　　7.4.1　影响热泵干燥能耗的因素 ……………………………… 121

　　7.4.2　工作温度对热泵干燥装置性能的影响 ………………… 121

　　7.4.3　热泵干燥的发展趋势 …………………………………… 122

第8章　介电干燥 ………………………………………………… 124

　8.1　介电干燥的基本知识 ……………………………………… 124

　　8.1.1　电磁波谱 …………………………………………………… 124

　　8.1.2　介电损耗 …………………………………………………… 125

　　8.1.3　穿透能力与加热均匀性 ………………………………… 126

　　8.1.4　介质电性质和选择加热效应 …………………………… 126

　8.2　食品的介电特性 …………………………………………… 127

　　8.2.1　水的介电特性 …………………………………………… 127

　　8.2.2　糖类的介电特性 ………………………………………… 129

　　8.2.3　蛋白质的介电特性 ……………………………………… 129

　　8.2.4　脂肪的介电特性 ………………………………………… 130

　8.3　微波干燥 …………………………………………………… 130

　　8.3.1　微波干燥的基本原理 …………………………………… 130

　　8.3.2　间歇微波干燥 …………………………………………… 132

　　8.3.3　微波干燥系统 …………………………………………… 132

　　8.3.4　组合式微波干燥 ………………………………………… 139

参考文献 …………………………………………………………… 146

第1章 绪论

食品干燥是一项重要的食品加工技术，它在我国国民经济分类中属于门类 C 制造业中的大类 13 农副食品加工业及大类 14 食品制造业（GB/T 4754—2017），相对于整个工业行业分类来说，占比并不大，但从其物理本质上来看，干燥过程需要将热能传递给固相或液相物质（通常为水或者冰）而引起相变，使其转化为气相并从食品表面逸出到周围环境中。在干燥过程中，转化的热能主要用以实现固相或液相物质的相变，以潜热而非显热的形式体现，这种形式决定了干燥操作的耗能量是巨大的。在英国乃至整个欧洲，工业干燥耗能占到整个工业部门能源消耗的 12%～15%。

食品因其用以满足人们营养和感官需求的定义，其干燥与矿石、纸浆、木材等工业品的干燥相比具有特殊性，食品干燥方法的选择和干燥工艺的设计不仅需要考虑节能潜力，还要考虑产品品质，涉及食品科学、能源科学等多学科的交叉，对食品节能干燥技术进行深入研究不仅十分必要，而且具有工程应用的现实意义。

1.1 降低食品干燥能耗的必要性

能源短缺和环境保护是 21 世纪人类社会面临的两大课题。为此，世界各国都在积极开发利用可再生能源，与此同时，积极研究并实现能源的高效利用，即节约能源。为了如期达成碳达峰、碳中和的目标，中国政府在 2021 年 10 月提出了新的行动方案：到 2025 年，单位国内生产总值能源消耗比 2020 年下降 13.5%，单位国内生产总值二氧化碳排放比 2020 年下降 18%；到 2030 年，单位国内生产总值二氧化碳排放比 2005 年下降 65% 以上，顺利实现 2030 年前碳达峰目标。这既是着力解决资源环境约束突出问题、转变粗放型增长方式的必由之路，也是开创人与自然和谐共生新境界、实现中华民族永续发展的必然选择。

与世界上其他国家一样，干燥能耗在我国占整个工业能耗的比例同样较大。2030年前实现碳达峰、2060 年前实现碳中和，这是我国基于推动构建人类命运共同体的责任担当和实现可持续发展的内在要求作出的重大战略决策。这一承诺中实现从碳达峰到碳中和的时间，远远短于发达国家所用时间，需付出艰苦努力。节能具有贯穿经济社会发展全过程和各领域的功能优势,其减排降碳的作用与优化调整能源结构、提升能源利用效率、减少化石能源使用规模等手段相比,更为显著和直接。通过节能工作持续提高能效、降低碳排放量,是我们实现碳达峰、碳中和目标的一个重要手段。

1.2 食品干燥的分类及其特点

1.2.1 食品干燥的分类

干燥是食品原料贮藏的重要手段,也是一项重要的食品加工技术。从结果和过程来看,干燥可被定义为将液体、固体或半固体的食品原料转化为水分活度较低的固体中间产品或最终产品的单元操作。干燥是一个涉及热质交换和动量传递的复杂过程,通常同时伴随着物理变化(如结晶化或玻璃化)及化学反应或生物化学反应(营养成分的变化、颜色的变化、风味的变化),而这些变化通常会导致食品材料内部传热传质机理和相关参数的改变,进而影响后续的干燥进程。

食品干燥可按其能量来源、结构形式等多种标准进行分类,中外文献中以按工作原理分类居多——包括热风干燥、传导(接触)干燥、介电干燥、冷冻干燥等(图1-1)。

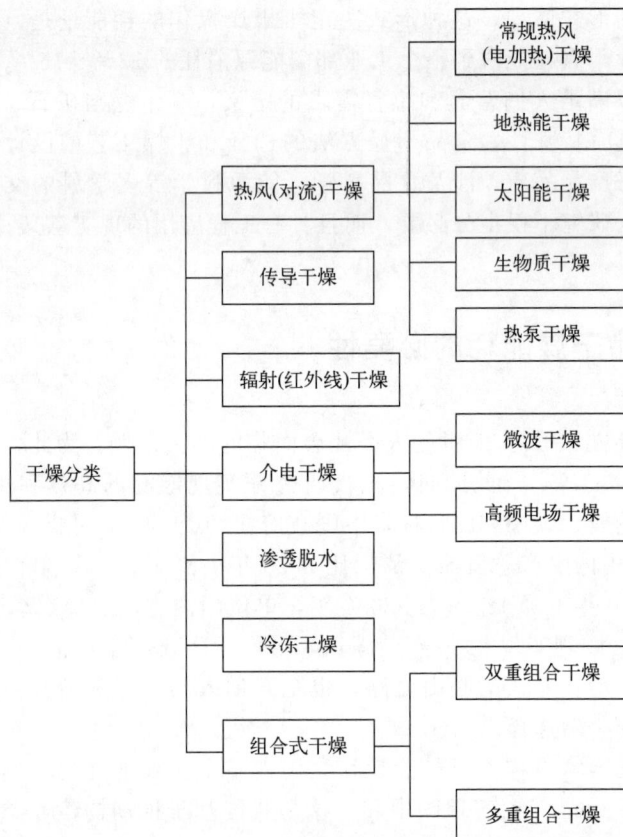

图1-1 食品干燥的分类

1.2.2　各类食品干燥的特点

（1）热风干燥

热风干燥应用最为广泛，是传统意义上也是最为常见的干燥方式。当下处于热点的太阳能、地热能、空气能等可再生能源驱动的干燥方法也归于此类。热风干燥对应的传热方式为对流，即冷热流体互相掺混或者流体内部不同部位间存在温差而产生流体的流动换热，其显著特征是需要介质传递能量。加热干燥介质（通常情况下为空气）使其以自然或强制对流循环的方式与食品物料进行湿热交换——物料表面上的水分即水汽，通过表面的气膜向干燥介质主体扩散；与此同时由于物料表面汽化，物料内部和表面之间产生水分梯度差，物料内部的水分因此以汽态或液态的形式向表面扩散。

（2）传导干燥

传导（接触）干燥则是将食品置于热壁上加热干燥的方法，它可以在常压和真空两种条件下进行，接触干燥对应的设备有转鼓干燥器（drum dryer）、盘式连续干燥器（continuous tray dryer）等。转鼓干燥器适合干燥黏性液体、浆料、悬浮液及糊状物，最终产品通常是多孔薄片或粉末；盘式连续干燥器适用于食品工业中具有流动性、非黏性的松散粉粒状物料的干燥。接触干燥的传热形式为热传导，无干燥介质带走热量，除少量的设备散热及热辐射损失外，绝大部分传热均用于料膜中的水分蒸发，如转鼓干燥器在理想条件下的能效可达到 $60\%\sim90\%$。接触式干燥常常和热风干燥结合在一起使用。

（3）辐射干燥

从电磁波辐射波谱来看，自短波到长波依次为 γ 射线、α 射线、紫外线、可见光、红外线及微波。根据相关国际标准，红外辐射可根据其波长分为近红外（$0.78\sim3.0\mu m$）、中红外（$3.0\sim50\mu m$）、远红外（$50\sim1000\mu m$）。

红外线属于热射线，由固体中的分子振动或晶格振动或固体中束缚电子的迁移而产生，其对应的传热方式为辐射，可以在真空中将能量传递给待干燥物质。从微观层面来看，构成物质的基本质点（电子、原子及分子）自身时刻处于振动或转动的状态中。红外辐射增大物质内部能量，进而可以促进质点的转动能级跃迁，并扩大振动幅度；而且当红外线的振动数与基本质点的固有频率相等时，会引发与振动学中共振运动相似的情况，加剧物料内部因分子间的碰撞产生的自热效应，水分子（或有机溶剂分子）脱离周围分子的束缚，从而迅速实现物料干燥。

根据斯特藩·玻尔兹曼定律（Stefan-Boltzmann law），红外线辐射能与温度的 4 次方成正比；而热风干燥对应的对流传热则遵循牛顿冷却定律，其耗热量仅与温度的 1 次方成正比。根据前述辐射能与温度的关系，红外辐射干燥具有很高的能流密度，可达对流换热的 70 余倍，但须综合考虑红外辐射发生器的发射光谱、待干燥物料的吸收光谱、红外线与物料的相互作用等因素，否则既耗能大又无法获得好的品质。中红外线对食品中的水和其他物质分子振动有特殊的作用，食品材料电磁波吸收峰多集中于 $3.0\sim50\mu m$ 的中红外线波长范围内，即对中红外线热吸收率高。中红外线的光子能量级比紫外线、可见光都要小，因此一般只会产生热效果，而不会引起物质的变化，且由于传热效率高、加热时间短，可减少热量对食品材料的破坏作用，而广泛用于食品干燥。

（4）介电干燥

介电干燥（dielectric drying）利用湿物料中的水分对电磁场中能量的特殊吸收作用，促进物料中水分的汽化，提高干燥速率。与热风干燥等传统干燥方式相比，介电干燥的形式和要求较为特殊，其作用机理需要深入到电子、分子、原子的微观层面加以诠释。微波干燥和高频电场干燥都属于介电干燥的范畴。在电磁波谱上，微波所对应的波长范围在1mm～1m之间，频率范围为300MHz～3000GHz，我国最常使用的微波频率为915MHz和2450MHz；而高频电场干燥使用的频率范围通常在13.56MHz至100MHz之间。介电干燥遵循的是介质损耗的原理，将能量（而非热量）以偶极子转动和离子传导等形式在介质中转化热量。与热风干燥由外向内的传热方式不同，介电干燥的能量传递方式为整体式，通过将食品物料置于高频电场的作用下加热，通过高频电场［微波场可高达24.5亿次每秒（对应频率2450MHz）］的高速周期性方向改变，食品中的极性水分子迅速摆动，电磁场释放的能量被物料中的水分子所吸收，产生显著的热效应，从而使物料内部和表面的温度同时迅速升高。微波加热造就物料体热源（volumetric heat source）的存在，从本质上区别于常规热风干燥过程中某些迁移势和迁移势梯度方向，形成了介电干燥的独特机理。

被干燥物料本身就是发热体，且物料表层温度因物料本身向周围介质的热损失常低于内部温度，因此介电干燥具有较高的干燥速率。介电干燥加热时间短，对形状比较复杂的物料有均匀的加热性，且容易控制；不同含水量物料在高频电场中，对高频电磁波吸收性不同，含水量高的物料有较高的吸收性，因此介电干燥还具有水分的调平作用。

（5）冷冻干燥

冷冻干燥即真空冷冻干燥，首先将待干燥的食品物料进行冻结，然后将其置于真空环境中，使物料中的冻结水分或其他溶剂不经过液态直接升华为蒸气而达到干燥的目的。冷冻干燥在低温环境下进行，能最大限度地保持食品的色、香、味、形和营养成分，是保留品质最好的干燥方法，但其工艺过程中的冷冻和抽真空环节带来的高昂成本导致了应用的局限性。

1.2.3 各类食品干燥的比较

热风干燥是目前食品加工中应用最多的干燥方式。传导干燥、辐射干燥、冷冻干燥各自都有比较明显的短板，渗透脱水无法单独将物料干燥至目标含水量，严格意义上来说只是干燥的前处理过程。介电干燥是未来具有广阔发展前景的干燥技术，本节主要从原理方面将其与热风干燥进行对比。

从干燥机制来说，热风干燥中水分的迁移是基于水分梯度。干燥过程中潮湿食品表面的水分受热后首先由液态转化为气态，即水分蒸发，而后，水蒸气从食品表面向周围介质扩散，此时表面湿含量比物料中心的湿含量低，出现水分含量的差异，即存在水分梯度。水分扩散一般总是从高水分处向低水分处扩散，即是从内部不断向表面方向移动，这种水分迁移现象称为导湿性；其次，食品在热空气中，食品表面受热温度高于它的中心，因而在物料内部会建立一定的温度差，即温度梯度。温度梯度将促使热能从物料表面转移至物料内部，进而使得水分从物料内部以液态或气态方式向外扩散，使物料逐步干燥，这种现象称为导（湿）温性。热风干燥过程得以连续进行的条件是被干燥的物料表面产生的水汽的压强必须大于干燥介质（空气）中水汽的分压，压差越大，干燥越迅速。

热风干燥具有由外向内的特点，即对物料整体而言，是物料外层首先干燥，存在因物料外层首先干燥而形成硬壳板结阻碍内部水分继续外移的先天劣势，而介电干燥恰好可以弥补这一短板。就介电干燥而言，由于物料中的水分介质损耗较大，微波能被大量吸收并转化为热能，物料的升温和蒸发在物料整体中同时进行，无内外之分。物料内部由于同时被加热，蒸汽迅速产生，与表面形成了压力梯度。在物料初始含水率较高的情况下，物料内部的压力升高非常迅速，则水分在压力梯度的作用下从物料表面逸出，压力梯度对水分逸出的影响与初始含水率成正比。

由于压力梯度的存在，介电干燥具有由内向外的特点，即对物料整体而言，是物料内层首先干燥。在介电干燥过程中，温度梯度、传热方向和蒸汽压力迁移方向均一致，从而极大改善了干燥过程中的水分迁移条件。从这一点来说，介电干燥是优于常规热风干燥的。

在工程实际中，针对某一具体食品物料，往往采取组合式干燥的方式，如太阳能-微波干燥、热泵-高频电场干燥等，以达到理想的产品品质，并最大限度地降低能耗和生产成本。

1.3 食品中水分的状态

生长在田野中的稻谷、麦子、玉米、豆荚等在收获后在潮湿环境下放置几天就会变质，而在太阳下暴晒或在通风的地方晒干、风干，就能放置很长时间。自然界中的这种现象说明，食品脱水后在水分含量足够低的情况下可以长期贮存。

许多食品原料和半成品都含有大量的水分，如新鲜水果的含水量为 $70\% \sim 90\%$，蔬菜为 $85\% \sim 95\%$。水是微生物进行生命活动的必需物质，微生物菌体无论从外界摄取营养物质，还是向外界排泄代谢产物，都需要以水作为溶剂和媒介。绝大多数微生物需要在水分含量较高的环境下生长繁殖，若采取一定手段降低水分含量至足够水平，就可有效抑制微生物的活动。

1.3.1 游离水和结合水

各种食品或食品原料都是由水和非水组分构成的，它们的含水量各不相同，而且其中水分与非水组分间以多种形式相互作用后，便形成了不同的存在状态，性质也不尽相同，对食品的贮藏性、加工特性也产生不同的影响，所以区分食品中不同形式的水分是很有必要的。

从水与食品成分的作用情况来划分，食品中的水是以自由水（或体相水、游离水）和结合水（或固定水）两种状态存在的，它们的区别在于它们同亲水性物质的缔合程度，而缔合程度的大小又与非水成分的性质、盐的组成、pH、温度等因素有关。

食品中的水和非水组分共存于食品的组织细胞中,它与食品中简单离子、离子基团、亲水性溶质、非极性物质、两亲性物质之间存在相互作用,这些相互作用使水被缔合或束缚或结合,根据与食品组分结合能力或程度的大小,可以将食品中水的存在形式分为结合水和自由水(非结合水)。

1.3.1.1 自由水

自由水(free water)又称体相水(bulk water)、游离水,是指食品或原料组织细胞中易流动、容易结冰也能溶解溶质的这部分水。它又可分为三类:不移动水或滞化水(entrapped water)、毛细管水(capillary water)和自由流动水(free flow water)。

(1)不移动水或滞化水

指被组织中的显微和亚显微结构与膜阻留住的水,这些水不能自由流动,所以称为不可移动水或滞化水。例如一块重100g的动物肌肉组织中,总含水量为70~75g,含蛋白质20g,除去近10g结合水外还有60~65g水,这部分水中极大部分是滞化水。

(2)毛细管水

指在生物组织的细胞间隙、制成食品的结构组织中存在的一种由毛细管力截留的水,在生物组织中又称细胞间水,其物理和化学性质与滞化水相同。

(3)自由流动水

指动物的血浆、淋巴和尿液,植物的导管和细胞内液泡中的水,因为都可以自由流动,所以称自由流动水。

这些水在食品组织中通常被一些物理力所截留,当食品组织被切割或剁碎时仍然不会流出,整体流动被严格地限制。这些水分主要有食品湿物料内的毛细管(或孔隙)中保留和吸附的水分以及物料外表面附着的湿润水分。这些水分上方的饱和蒸气压与纯水上方的饱和蒸气压几乎没有太大的区别,在干燥过程中既能以液体形式又能以蒸汽的形式移动,这部分水在食品加工时所表现出的性质几乎与纯水相同,可以把这部分水与食品非水组分的结合力视为零。

自由水具有普通水的性质,容易结冰,可以作为溶剂,利用加热的方法可将其从食品中分离,可以被微生物利用,与食品的腐败变质有重要的关系,因而直接影响食品的保藏性。食品是否易被微生物污染并不取决于食品中水分的总含量,而仅取决于食品中游离水的含量。

1.3.1.2 结合水

结合水又称固定水(immobilized water),是指存在于溶质及与其他非水组分邻近的那一部分水,与同一体系的自由水相比,它们呈现出显著不同的性质,如呈现低的流动性,在−40℃不结冰,不能作为所加入溶质的溶剂,在质子核磁共振(nuclear magnetic resonance,NMR)试验中使氢的谱线变宽。根据与非水组分结合牢固程度不同,结合水又可分为:化合水(compound water)、邻近水(vicinal water)和多层水(multilayer water)。

(1)化合水

又称组成水(constitutional water),是指与非水物质结合得最牢固并构成非水物质整体的那部分水分,例如它们存在于蛋白质的空隙区域内或者成为化学水合物的一部分。它们在−40℃不会结冰、不能作为溶剂、不能被微生物利用以及在高水分含量食品中只占很小比例。这部分水只有在化学作用或特别强烈的热处理（如煅烧）下才能除去，除去它的同时会造成物料物理性质和化学性质的变化，即品质的改变。化合水存在于某些物料中且含量较少为 5%～10%，如乳糖、柠檬酸晶体中的结合水。一般情况下食品物料干燥不能也不需要除去这部分水分。化合水的含量通常是干制品含水量的极限标准。

（2）邻近水

又称单层水（monolayer water），包括单分子层水和微毛细管（直径<0.1μm）中的水。它们与非水组分的结合水与化合水相比要弱一些，占据非水成分大多数亲水基团的第一层位置，与简单离子或离子基团通过水-离子和水-偶极作用力结合的水是结合最紧的一种邻近水。它们−40℃不会结冰，没有溶剂能力。

（3）多层水

多层水占据非水组分的大多数亲水基团的第一层剩下的位置以及形成邻近水以外的几个水层，与周围及溶质主要靠水-水和水-溶质氢键的作用结合。尽管多层水不像邻近水那样牢固地结合，但仍然与非水组分结合得相当紧密，以至于其性质发生了明显的变化，与纯水相比大多数多层水在−40℃仍不结冰，即使结冰，冰点也大大降低，溶剂能力部分下降。

值得注意的是，结合水不是完全静止不变的，它们同邻近水分子之间的位置交换作用会随着水结合程度的增加而降低，但是它们之间的交换速率不会为零。

食品中水分被利用的难易程度主要是依据水分结合力或程度的大小而定，自由水最容易被微生物、酶、化学反应所利用，而结合水难以被利用，结合力或结合程度越大，则越难以被利用。

1.3.2 水分活度

衡量水结合力的大小或区分自由水和结合水，可用水分子的逃逸趋势（逸度）来反映，将食品中水的逸度与纯水的逸度之比称为水分活度（water activity，a_w）：

$$a_w = \frac{f}{f_0} \tag{1-1}$$

式中，f 为食品中水的逸度（即水从溶液中逸出的程度）；f_0 为纯水的逸度。

但因逸度不易测量，在低温时（如室温下），f/f_0 和 p/p_0 的差值很小（小于1%），水分逃逸的趋势通常可以近似地用水的蒸气压（p）来表示，而压力便于测量，故可以用 p/p_0 来定义 a_w，即：

$$a_w = \frac{p}{p_0} \tag{1-2}$$

式中，p 是某种食品在密闭容器中达到平衡状态时的水蒸气分压；p_0 是相同温度下纯水的饱和蒸气压。

在食品加工中，水分活度通常定义为食品表面测定的水蒸气压 p 与相同温度下纯水的饱和蒸气压 p_0 之比，但这个定义仅适合于理想溶液和热力学平衡体系。由于大多数食品不符合这些假设，因而依据蒸气压的水分活度仅是一个近似值。

若把纯水作为食品来看，其水蒸气分压 p_0 和 p_0 值相等，故 $a_w = p/p_0 = 1$。然而，一般食品不仅含有水，而且含有非水组分，食品的蒸气压比纯水小，即总是 $p < p_0$，故 $0 < a_w < 1$。

由于蒸气压与相对湿度有关，一种食品的 a_w 与该产品环境的平衡相对湿度（equilibrium relative humidity，ERH）相关。也就是说，a_w 可以用 ERH 来表示：

$$a_w = \frac{p}{p_0} = \frac{ERH}{100} \tag{1-3}$$

通过式（1-3）可以看出，水分活度从微观上表示食品中水与非水组分之间作用力的强弱，当该值很大时，说明水很容易从食品中逸出，表明水与非水组分之间作用力小。所以，a_w 越大，食品中水与非水组分作用力越小；相反，a_w 越小，食品中水与非水组分作用力越大，它们之间的结合越紧密。该式计算水分活度，只有当样品与环境湿度达到平衡，数值上相等时，才可应用。

数值上，a_w 与用比例表示的平衡相对湿度值相等。但两者的含义不同，a_w 是食品的固有性质，反映了食品中水分的结合状态；ERH 则反映了与食品相平衡时周围的空气状态或大气性质，它们在数值上相等。必须指出少量样品（<1g）与环境之间达到平衡需要相当长的时间，而大量样品温度低于 50℃ 时，几乎不可能与环境达到平衡。因此，利用式（1-3）测定是有限定条件的。

根据拉乌尔（Raoult）定律，对于理想溶液而言，也可推导出水分活度的以下表达式：

$$a_w = N = \frac{n_1}{n_1 + n_2} \tag{1-4}$$

式中，N 为溶剂（水）的摩尔分数；n_1 为溶剂的物质的量，mol；n_2 为溶质的物质的量，mol。

n_2 可通过式（1-5）进行计算：

$$n_2 = \frac{G \Delta T_f}{1000 K_f} \tag{1-5}$$

式中，G 为样品中溶剂的质量，g；ΔT_f 为冰点下降的温度，℃；K_f 为水的摩尔冰点下降常数，(kg·℃)/mol。

食品中水分的水分活度值范围在 0 到 1 之间。根据自由水和结合水的实际定义，自由水（纯水）产生的水分活度为 1，结合水产生的水分活度小于 1。从食品中去除结合水需要耗费更多的能量，这也意味着从食品中去除一个水分子所耗费的潜热随着水分活度的降低而增大，这一点对于设计干燥工艺来说是非常重要的。

1.4 干燥对食品品质的影响

物料在干燥过程中，由于温度的升高、水分的去除，必然要发生一系列的变化，这些变化主要是食品物料内部组织结构的物理变化以及食品物料组成成分（水分、蛋白质、脂肪、维生素、色素、风味物质等）的化学变化。这些变化直接关系到干燥品的质量和对贮藏条件的要求，而且不同的干燥工艺变化程度也有差别。

1.4.1 食品干燥中的物理变化

食品干燥时经常出现的物理变化有干缩、干裂、表面硬化和多孔性形成等。

1.4.1.1 干缩、干裂

细胞失去活力后，它仍能不同程度地保持原有的弹性。但受力过大，超过弹性极限，即使外力消失，它也再难以恢复原来状态。干缩正是物料失去弹性时出现的一种变化，这也是不论有无细胞结构的食品干燥时最常见、最显著的变化之一。

弹性完好并呈饱满状态的物料全面均匀地失水时，物料将随着水分消失均衡地进行线性收缩，即物体大小（长度、面积和容积）均匀地按比例缩小。实际上物料的弹性并非绝对的，干燥时食品块（片）内的水分也难以均匀地排出，故物料干燥时均匀干缩极为少见。为此，物料不同，干燥过程中它们的干缩也各有差异。脱水干燥时胡萝卜丁的典型变化如图 1-2 所示，图 1-2 中（a）为干燥前胡萝卜丁的原始形态，（b）为干燥初期胡萝卜丁表面的干缩形态，胡萝卜丁的边和角逐渐变圆滑，呈圆角形态的物体，继续脱水干燥时水分排出愈向深层发展，最后至中心处，干缩也不断向物料中心进展，遂形成凹面状的胡萝卜丁，见图 1-2（c）。

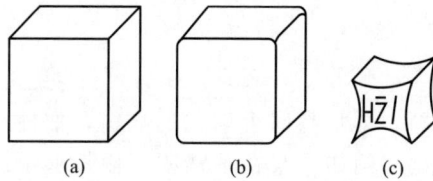

图 1-2 脱水干燥过程中胡萝卜丁形态的变化

高温快速干燥时食品块（片）表面层远在物料中心干燥前已干硬，其后中心干燥和收缩时就会脱离干硬膜而出现内裂、孔隙和蜂窝状结构，此时，表面干硬膜并不会出现图中那样的状态。快速干燥的马铃薯丁具有轻度内凹的干硬表面、数量较多的内裂纹和气孔，而缓慢干燥的马铃薯丁则有深度内凹的表面层和较高的密度，两种干燥品质量虽然相同，但前者单位体积质量为后者的一半。

上述两种干燥品各有特点。密度低（质地疏松）的干燥品容易吸水，复原迅速，与物料原状相似，但它的包装材料和贮运费用较大，内部多孔易于氧化，以致贮藏期较短。高密度干燥品复水缓慢，但包装材料和贮运费用较为节省。

1.4.1.2 表面硬化

表面硬化实际上是食品物料表面收缩和封闭的一种特殊现象。如物料表面温度很高，就会因为内部水分未能及时转移至物料表面使表面迅速形成一层干燥薄膜或干硬膜。它的渗透性极低，以致将大部分残留水分保留在食品内，同时还使干燥速率急剧下降。

在某些食品，尤其是一些含有高浓度糖分和可溶性物质的食品中最容易出现表面硬化，但在另一些食品中并不常见。从干燥过程中水分从食品内部外逸时出现的各种情况中会得到一些启示。在由细胞构成的食品内有些水分常以分子扩散方式流经细胞膜或细胞壁。食品内水分也可以因受热汽化而以蒸汽分子形式向外扩散，并让介质残留下来。块片状和浆质态食品内还常存在大小不一的气孔、裂缝和微孔，小的可细到和毛细管相同，故食品内的水分也会经微孔、裂缝或毛细管上升，其中有不少能上升到物料表面蒸发掉，以致它的溶质残留在表面上。干燥初期某些水果表面上积有含糖的黏质渗出物，其原因就在于此。这些物质就会将干燥时正在收缩的微孔和裂缝加以封闭。在微孔收缩和被溶质堵塞的双重作用下出现表面硬化。此时若降低食品表面温度使物料缓慢干燥，或适当"回软"再干燥，一般就能延缓表面硬化。

1.4.1.3　多孔性

快速干燥时食品物料表面硬化及其内部蒸气压的迅速建立会促使物料成为多孔性制品。膨化马铃薯正是利用外逸的蒸气促使它膨化。加有不会消失的发泡剂并经搅打发泡而形成稳定泡沫状的液体或浆质体的食品干燥后，也能成为多孔性制品。真空干燥时的高度真空也会促使水蒸气迅速蒸发并向外扩散，从而制成多孔性的制品。

在设计干燥工艺或干燥预处理时应促使物料形成多孔性结构，以有利于质的传递，从而加速物料的干燥速率。但在实际工程中，多孔性海绵结构为良好的绝热体，会减慢热量的传递，因此干燥速率并非绝对会加快，最后的效果取决于具体食品物料多孔结构的传质加强和传热阻碍两者的影响何者为大。多孔性食品能迅速复水或溶解，这是其主要的优越性。

1.4.1.4　热塑性

不少食品为热塑性物料，即加热时会软化的物料，如糖浆或果浆，因为它所含的物质在高温时会软化或熔化。例如糖浆在平锅或传输带上干燥时，水分虽然已全部蒸发掉，残留的固体物质却仍像保持水分那样呈热塑性为黏质状态，黏结在上面难以取下，然而如果冷却时会硬化成晶体或呈无定形玻璃状而脆化，此时就便于取下。为此，大多数输送带式干燥设备内常设有冷却区。

1.4.1.5　溶质的迁移

在食品物料所含的水分中，一般都有溶解于其中的溶质如糖、盐、有机酸、可溶性含氮物等，当水分在脱水过程中由物料内部向表面迁移时，可溶性物质也随之向表面迁移。当溶液到达表面后，水分汽化逸出，溶质的浓度增加。当脱水速度较快时，脱水的溶质有可能堆积在物料表面结晶析出，或成为干胶状而使表面形成干硬膜，甚至堵塞毛细孔而降低脱水速度。如果脱水速度较慢，则当靠近表层的溶质浓度逐渐升高时，溶质借浓度差的推动力又重新向中心层扩散，使溶质在物料内部重新趋于均匀分布。显然，可溶性物质在干燥物料中的均匀分布程度与脱水工艺条件有关。

1.4.2　食品干燥中的化学变化

食品脱水干燥过程中，除物理变化外，同时还会有一系列化学变化发生，这些变化对干燥品及其复水后的品质如色泽、风味、质地、黏度、复水率、营养价值和贮藏期会产生影响。这种变化还因各种食品而异，有它自己的特点，但少数几种主要变化实际上在所有食品脱水干燥过程中都会出现，不过这些变化的程度却随食品成分和干燥方法而有差异。

1.4.2.1　营养成分的变化

食品干燥后失去水分，故每单位质量干燥食品中营养成分如蛋白质、脂肪和糖类等的含量反而增加，见表 1-1。若将复水干燥品和新鲜食品相比较，则和其他食品保藏方法一样，它的品质总是不如新鲜食品，且脱水食品有损耗出现。

表 1-1　新鲜和脱水食品营养成分含量比较　　　　　　　　　　　　　　%

营养成分	牛肉		青豆	
	新鲜	干燥	新鲜	干燥
水分	68	10	74	5
蛋白质	20	55	7	25
脂肪	10	30	1	3
糖类	1	1	17	65
灰分	1	4	1	2

（1）蛋白质的变化

蛋白质对高温敏感，在高温下蛋白质易变性，组成蛋白质的氨基酸与还原糖发生作用，产生美拉德反应而褐变。褐变的速度因温度和时间而异。高温长时间的干燥，使褐变明显加重。当物料的温度达到某一个临界值时，其变为棕褐色的速度就会很快。褐变的速度还与物料的水分含量有关。另外，含蛋白质较多的干燥品在复水后，其外观、含水量及硬度等均不能回到新鲜时的状态，这主要是因为蛋白质的变性。在热以及水分脱除的作用下，维持蛋白质空间结构稳定的氢键、二硫键、疏水相互作用等遭到破坏，从而改变了蛋白质的空间结构而导致变性。蛋白质在干燥过程的变化程度主要取决于干燥温度、时间、水分活度、pH、脂肪含量以及干燥方法等。

干燥温度对蛋白质在干燥过程中的变化起着重要作用。一般情况下，干燥温度越高，蛋白质变性速度越快，而随着干燥温度的增加氨基酸损失也增加。在高温下蛋白质发生降解还会产生硫味，这主要是二硫键的断裂引起的。

干燥时间也是影响蛋白质变性的主要因素之一。一般情况下干燥初期蛋白质变性速度较慢，而后期加快。但对于冷冻干燥而言则正好相反。整体而言冷冻干燥法引起的蛋白质变性要比其他方法轻微得多。

通常认为脂质对蛋白质的稳定有一定保护作用，但脂质氧化的产物将促进蛋白质的变性。而水分含量也与蛋白质干燥过程的变性有密切的关系。研究发现当水分含量在 20%～30%及高温条件下，鲈鱼肌原纤维蛋白质将发生急剧变性。

（2）脂肪的变化

高温脱水时脂肪氧化比低温时严重得多，应注意添加抗氧化剂。若事先添加抗氧化剂就能有效地控制脂肪氧化。脂肪含量高的食品对脂肪氧化的预防是影响干燥品品质的主要问题，如方便面的加工。一般情况下食品中脂肪含量高且不饱和度高，储藏温度高，氧分压高，与紫外线接触以及存在铜、铁等金属离子和血红素，将促进脂质氧化。

（3）糖类的变化

水果中含有丰富的糖类，葡萄糖、果糖等很不稳定，在高温长时间的条件下，易分解而导致损耗。在高温下糖类含量高的食品容易焦化，还原糖在酸性条件下与氨基酸容易发生褐变反应。缓慢晒干过程中初期的呼吸作用也会导致糖分分解。因此，糖类的变化会引起果蔬变质和成分损耗。除乳蛋制品外，动物组织内糖类含量低，糖类的变化就不至于成为干燥过程中的主要问题。

1.4.2.2　微量成分的变化

(1) 维生素的变化

部分水溶性维生素易被氧化而损失，预煮和酶钝化处理也使其含量下降。维生素损耗程度取决于干燥前的物料预处理条件和选用的脱水干燥方法以及干燥食品贮藏条件和情况。

抗坏血酸和胡萝卜素易因氧化而遭受损耗，核黄素对光极其敏感。硫胺素对热敏感，故熏硫处理时常会有所损耗。

水果干燥可用日晒、脱水或者两者相结合的方法。胡萝卜素在日晒时损耗极大，在脱水（特别是喷雾干燥）时则损耗极少。水果晒干时抗坏血酸损耗极大，但升华干燥就能将抗坏血酸和其他营养素大量保存下来。从各方面来说，脱水食品中维生素保存量一般都超过晒干食品的保存量。

日晒或脱水时蔬菜中营养成分损耗程度大致和水果相似。加工时未经酶钝化的蔬菜中胡萝卜素损耗量可达 80%，如用最好的脱水方法它的损耗量可下降到 5%。预煮处理时蔬菜中硫胺素的损耗量达 15%，而未经预处理其损耗量可达 3/4。抗坏血酸在迅速干燥时的保存量则大于缓慢干燥。通常蔬菜中抗坏血酸将在缓慢日晒干燥过程中损耗掉。不管怎样，贮藏中干燥品内的维生素量将有所下降。

乳制品中维生素含量将取决于其在原料乳内的含量及其在加工中可能保存的量。滚筒干燥或喷雾干燥时有较好的维生素 A 保存量。虽然滚筒干燥或喷雾干燥时会出现硫胺素损耗，但若和一般果蔬干燥法相比，它的损耗量仍然比较低。核黄素的损耗也是这样。牛乳干燥时抗坏血酸也有损耗。抗坏血酸对热并不稳定又易氧化，故它在干燥过程中会全部损耗掉。若选用严谨的加工方法如升华和真空干燥，制品内抗坏血酸保留量将和原乳大致相同。干燥将导致维生素 D 大量损耗，而其他维生素如吡哆醇（维生素 B_6）和烟酸实质上损耗很少，故干燥前牛乳常需加维生素 D 强化。

通常肉类制品中维生素含量略低于鲜肉。加工中硫胺素会遭受损耗，高温干燥时损耗量就比较大。核黄素和烟酸的损耗量则比较少。

(2) 色素的变化

食品的色泽随物料本身的物化性质不同而改变，干燥会改变食品的物理化学性质，使其反射、散射、吸收传递可见光的能力发生变化，从而改变食品的色泽。食品中天然的色泽主要是由类胡萝卜素、花青素、叶绿素、血红素（肉类）等色素所提供，这些色素一般对光、热等条件都不稳定，易受加工条件的影响而发生变化，而使食品色泽发生变化，当然食品色泽的变化与加工过程中的一些褐变反应也是分不开的。

干燥过程中类胡萝卜素会发生变化。温度越高，处理时间越长，色素变化量也就越多。花青素同样会受到干燥的影响。硫处理会促使花青素褪色，应加以重视。所有呈天然绿色的高等植物中存在叶绿素 a 和叶绿素 b 的混合物。叶绿素呈现绿色的能力和色素分子中镁的保存量成正比。湿热条件下叶绿素将失去一部分镁原子而转化成脱镁叶绿素，呈橄榄绿，不再呈草绿色。虽然利用微碱条件能控制镁的流失，但很少能改善食品品质。而血红素对热极不稳定，受热后很容易失去鲜艳的红色而变成暗红色。

褐变反应也是促使干燥品变色的一个主要原因，通常包括酶促褐变与非酶褐变两种形式。植物组织受损伤后，组织内多酚氧化酶活动能将多酚或其他如鞣质、酪氨酸等一类物质氧化成有色物质，这种酶促褐变就给干燥品品质带来了不良后果。这可用预煮和巴氏杀菌方法对果蔬中的酶进行钝化，或用硫处理来破坏酶的活性。酶钝化处理应在干燥前进行，因为干燥时物料的受热温度不足以破坏酶的活性，而且热空气还有加速褐变的作用。

糖的焦糖化和美拉德反应是脱水干燥过程中常见的非酶褐变反应。前者反应中糖分首先分解成各种羰基中间物，而后再聚合反应形成褐色聚合物。美拉德反应是氨基酸和还原糖之间的反应，常出现于水果脱水干燥过程中。脱水干燥时高温和残余水分中反应基团的浓度对美拉德反应有促进作用。水果熏硫处理不仅能抑制酶促褐变，而且还能延缓美拉德反应。糖分子中醛基和二氧化硫反应形成磺酸，能阻止褐色聚合物的形成。美拉德褐变反应在水分 10%～15% 时最为迅速，水分持续下降时它的速度逐渐减慢，当完全无水时，褐变反应可减慢到甚至于长期贮存时也难以觉察的程度，水分含量很高时反应基质浓度很低，美拉德反应也难以发生。低温贮藏也能使褐变反应减慢。

采用真空干燥设备特别是连续式的真空干燥设备可显著地改善果干以及像果浆或果汁一类粉状水果制品的品质，对生产晶态果粉特别适宜。

（3）风味物质的变化

引起水分去除的物理力，也会引起一些挥发性物质的去除，从而导致风味变差。在热干燥中，风味挥发性物质比水更易挥发，因为如醇、醛、酮、酯等沸点更低。干燥品的风味物质比新鲜制品要少，干燥品在干燥过程中会产生一些特殊的蒸煮味，如牛乳干燥后会有少量硫味。热会带来一些异味、煮熟味、硫味、焦香味。

食品失去挥发性风味成分是脱水干燥时常见的一种现象，干燥时至少会导致风味成分轻微的损耗。例如当牛乳失去极微量硫化甲基时，其制品就会失去鲜乳风味，尽管它在牛乳中的含量仅为亿分之一。干燥时即使低温干燥也会导致化学变化，而出现食品变味的问题。例如奶油内的脂肪 δ-内酯形成时就会产生像太妃糖那样的风味，而这种产物在乳粉中也经常见到。低热处理极易促使风味发生变化，因为乳、蛋一类高蛋白质食品会分解出硫化物，风味的变化程度因硫化物分解情况而各异。在喷雾干燥制作全脂乳粉过程中虽经热处理但挥发的硫含量仍然极少，甚至没有。不过一般处理牛乳时所用的温度即使比平常的低，蛋白质仍然会发生变化并有挥发硫放出（表 1-2）。

表 1-2　鲜乳和乳粉配制的乳中挥发硫放出量

乳产品	加热处理时间/h	乳固形物中挥发硫放出量/(mg/kg)	
		60℃	70℃
鲜乳	1/2	0.01	0.08
	1	0.03	0.18
	2	0.05	0.48
	3	0.07	0.76

乳产品	加热处理时间/h	乳固形物中挥发硫放出量/(mg/kg)	
		60℃	70℃
乳粉的复原乳	1/2	0.02	0.35
	1	0.32	0.56
	2	0.51	0.89
	3	0.65	1.22

目前要完全阻止风味物质损耗几乎不可能。通常采用三种方法来防止风味物质的损失。一是芳香物质回收，在干燥设备中添加冷凝回收装置，回收或冷凝外逸的蒸气，再加回到干燥食品中，以便尽可能地保存它的原有风味。当然也可用其他来源的香精或风味制剂来补充干燥品中风味的损耗，如浓缩果汁加工过程中。二是采用低温干燥以减少挥发。三是在干燥前预先添加包埋物质如树胶等，将风味物质包埋、固定，从而阻止风味物质外逸。近年来兴起的微胶囊技术就是基于这一目的发展起来的，如"果珍"等固体饮料。

1.5　食品干燥技术的发展

干燥技术作为一种重要的工艺，在人类历史中经历了长期的发展和创新。古代干燥技术的起步可以追溯到几千年前。在人类发展初期，人们注意到食物在潮湿的环境中容易变质，因此开始探索各种方法来解决保存食物的问题。最早的干燥方法之一就是自然风干。人们将食物摆放在太阳下晾晒，以减少水分含量，来实现食物的保存。在古代文明中，各个地区也开展了不同的干燥实践。例如，古埃及人使用简易的干燥室来加速食物和木材的干燥。古代中国人则利用风车对食物进行干燥。此外，古希腊人在火烤食物时发现，通过火的热量和烟雾可以更好地干燥食物。随着时间的推移，干燥技术逐渐得到改善和创新。在工业革命时期，干燥技术得到了进一步的发展。随着工业化生产的需求增加，许多产品需要进行干燥处理，从而催生了更多的干燥方法。在19世纪，热风和蒸气干燥技术开始得到广泛应用。热风干燥是指通过加热空气并将其传送到物体表面，加快水分的蒸发，以达到干燥的目的。蒸气干燥则是利用蒸气作为传热介质，将热量传给物体表面，使水分蒸发。到了20世纪，气流干燥技术成为了常见的干燥方法开始广泛应用于食品、饲料、化工、制药等行业的粉状、颗粒状、片状物料的干燥。气流干燥是将强制性的气流通过物体表面，使水分迅速蒸发。冷冻干燥技术在20世纪中叶出现并得到广泛应用。冷冻干燥将食物或材料在低温下凝固，然后通过真空将水分直接转变为气体，从而使该物质保持其原有的营养价值和物理特性。

食品干燥是一个高耗能的过程，在将能源和环境作为人类面临的两大主题的21世纪，相关学者和从业人员须时刻关注节能；另一方面，食品作为用以满足人们营养和感官需求的产品，随着社会的进步和人们对自身健康的日益关注，食品干燥产品的品质受到越来越多的关注，尤其对于高价值食品和经济作物更是如此，因其较高的售价可以在很大程度上抵消干燥过程中较高的能源成本。

干燥的经济性和产品质量之间目前存在着很大的矛盾。如何以低能耗和低成本得到优质的干燥产品，是当前农产品和食品干燥中亟待解决的问题，也是干燥技术研究和发展中面临的最大挑战。就干燥技术未来的发展重点而言，学术界和业界普遍达成共识的是，需要达成更高的能源使用效率、更小的环境影响，以及以更低的成本保证更好的品质。除此之外，对于发展中国家来说，初投资和运行成本也是人们关注的焦点。干燥成本因地而异，而且与具体的食品物料密切相关，这就使得干燥成本的评估成为一个较为复杂的过程；另一方面，食品干燥是一个多学科交叉融合的领域，需要融会贯通食品科学及热能工程的知识，这些对未来从事食品干燥研发的相关人士来说始终是一个不小的挑战。

目前的食品干燥技术发展的空间仍然很大，学者和企业界的工程师在查找并突破发展瓶颈这一方面仍然大有可为。就某种具体的食品物料而言，干燥技术的应用需要综合考虑干燥效果、成品品质、设备和营运成本等多种因素。热风干燥、冷冻干燥等单一的干燥方式各有其优点，也各有其短板。太阳能、热泵干燥直接利用了最为便捷的可再生能源，节能方面具有先天的优势；而微波干燥属于整体式的干燥方式，打破了传统热风干燥由外向内的传热方式，其应用于整个干燥过程的降速干燥阶段，对于实现结合水的迁移具有天然的优势。将太阳能、地热能、空气能等可再生能源要素融入热风干燥；并通过认真研究和精心设计，将间歇式微波干燥、配置储热装置的太阳能热泵干燥、组合式干燥运用到食品干燥中，将有望为食品干燥找到节能和品质的平衡点，但其相关的理论研究和工程应用仍是当下紧迫和富有挑战性的工作。

【复习思考题】

1. 请简述一下食品干燥的分类及其特点。

2. 解释水分活度（a_w）对食品保藏性的重要性，并讨论如何通过控制 a_w 来延长食品的保质期。

3. 食品中水分的存在方式分为哪两种，水分活度的高低与水分的存在形式有什么关系？

4. 食品干燥是一个高能耗的过程，请在保持干燥产品品质的前提下提出一些科学合理的措施来有效降低能耗。

第2章 食品干燥的物料及其物化特性

食品干燥的基本过程是食品从外界吸收热量或其他能量,进而使其内部的水分以湿热传递的形式逸出到周围空间的过程。干燥产品具有固体性质,其最终含水量一般在15%以下,以达到长期保存食品的目的。

食品无论从组成还是结构来说都是一个非常复杂的物质系统,不同种类食品原料的干燥过程能耗和形成的最终食品品质与其物理特性指标(质量-体积-面积、形态、流变、表面等)、化学组分指标(水分、蛋白质、氨基酸、维生素、矿物质元素等)、热力学和热传递特性指标(水分扩散系数、热导率、传热系数、传质系数、物料平衡水分等)、质构特性指标(黏弹性、最大压缩力、断裂时最大形变等)、介电特性指标(介电常数和介电损失因子等)密切相关。为了充分掌握不同食品原料的干燥机理和干燥特性,针对不同食品原料科学设计干燥工艺和干燥装置,实现最大限度节约能源和保持品质的目的,有必要对食品的干燥特性进行深入的了解和研究。

2.1 食品干燥常用的原辅材料

古人很早就利用自然干燥来干燥粮食、果蔬、鱼、肉制品,以达到延长贮藏期的目的。出于成本的考虑和条件的限制,自然干燥的过程控制主要依赖经验,对各类原料的细节很少关注。工业化食品干燥的目的不仅局限于将食品中的水分降低到一定水平,达到干藏的水分要求,且要求食品品质变化最小,有时还要达到改善食品品质的目的,因此研究各类干燥物料的特性,已成为科学选择干燥方法和设备、控制最适干燥条件的前提条件,也是现代食品干燥的主要问题之一。

2.1.1 粮食类原料

粮食类原料包括谷物、豆类和薯类。谷物是农业生产中最重要的农作物,主要包括稻谷、小麦、玉米、大麦、高粱、荞麦和燕麦等,几千年来一直是我国人民的传统主食。在我国居民的膳食中,有60%~70%的热能和60%的蛋白质来自谷类。谷类是膳食中 B 族维生素的重要来源，同时也提供一定量的无机盐。由于谷类种类、品种、生长地区、生长条件和加工方法的不同，其营养成分有很大差别。

干燥储存是粮食收获后的重要环节，与粮食增产同等重要。粮食干燥一般分为自然晾晒和人工烘干两种方式。人类自古代就利用太阳能对粮食进行自然晾晒，该方法不需要任何化石能源，至今仍然沿用，但其卫生条件差、阴雨天易导致霉变等弊端促使人们采用现代化的干燥装置加以替代，包括热风、热泵、远红外、太阳能、真空、微波等干燥设备。联合干燥技术及其装备是当下研究的热点，通过将多种新型干燥技术优化互补和重组来实现低能耗高品质的干燥目标。

2.1.2 果蔬类原料

水果和蔬菜是除了粮食以外最重要的农产品，含有丰富的维生素、矿物质、纤维素、半纤维素和生物活性物质，对人体健康产生积极影响。

刚采收的水果和蔬菜的含水量多在 90% 以上，如果在采收、运输、贮藏及销售环节未采用科学有效的技术手段降低含水量，损失巨大。据统计，发展中国家由于缺乏现代化的处理、贮藏和运输手段而造成的果蔬损失高达 30%～40%，这些损失不仅仅是经济上的，在一些温饱尚未完全解决的发展中国家，也直接导致百姓无法获得基础营养和健康。

干燥是果蔬保藏诸多手段中最为经济有效的，其将蔬菜水果的含水量降低至一定水平，以延缓和阻止微生物繁殖，减少和推迟以水为媒介的腐烂变质，使脱水的水果蔬菜保质期延长，同时减轻产品质量，便于包装及运输。

2.1.3 畜禽肉类原料

肉类是动物的肌肉组织，与人体的肌肉组织有很多相似之处，故其整体营养价值超过植物性食物。肉类中蛋白质不仅含量高达 10%～20%，而且其氨基酸构成更适合人体需要，属于优质蛋白，营养价值超过绝大多数植物性食物。肉类富含赖氨酸和蛋氨酸，这两种氨基酸刚好是谷类和豆类最缺乏的，所以肉类与谷类或豆类搭配食用，可充分发挥蛋白质互补作用。

干燥是保存肉类的常用方法，在世界各国文化中都有悠久的历史。肉品中含水量一般高达 70%，经脱水干制后，不仅极大地缩小了产品的体积，而且可以使肉品中水分含量降低到 6%～20%，肉中微生物的活动和酶的活力得到抑制，从而加工出人们喜爱的干肉制品，并达到大大延长贮藏期的目的。

2.1.4 水产品类原料

水产品包括各种水产动植物，如各种鱼类、虾、蟹、蛤、海参、海蜇和海带等，味道鲜美，是深受人们欢迎的饮食佳品。

水产品是蛋白质、无机盐和维生素的良好来源。动物水产品蛋白质含量丰富，比如 1 斤（500g）大黄鱼中蛋白质含量约等于 1.2 斤鸡蛋中的含量；脂肪含量一般在 5% 以下。鱼类中维生素 B_2、尼克酸、维生素 A 含量较多，水产植物中还含有较多的胡萝卜素。无机盐主要为钙、磷、钾和碘等，特别是富含碘。

新鲜渔获由于其含水量高、蛋白质含量高、内源酶活性高、微生物生长速度快，相对畜禽肉类更容易腐败变质。干燥是一种历史悠久且行之有效的水产品保存方法。传统的日晒干燥节能环保，但费时、效率低。在干燥过程中，随着水分的脱除，氧化、水解和褐变反应也随之发生；热风干燥仍然是应用最为广泛的工业化干燥方法，热泵干燥、红外干燥、冷冻干燥、微波干燥和混合干燥等新兴干燥技术尤其强调高品质干燥，得到了日益广泛的应用。此外，干燥工艺也对水产品的品质有着显著影响，包括外观、营养成分、风味和微生物指标等方面。

2.2 食品物料的物性基础

2.2.1 食品物料的形态与物理性质

2.2.1.1 食品物料的基本物理特征

待干燥的食品物料多以固体的状态存在，更确切的描述则是含有一定量水的湿固态食品物料。湿固态食品物料的物理特征在宏观干燥过程中起着重要的作用。食品物料的物理特征参数范围广泛，主要包括几何特性和结构特性。几何特性包括尺寸（单体尺寸、综合尺寸）、比表面积、外观形状、密度和粒径等，结构特性按其分子的聚集状态和构成分为晶体、胶体和生物组织体。不同食品的几何特性和结构特性差异很大。

（1）食品物料的几何特性

食品物料的形状往往是不规则的，人们常用一些术语如直径、球度、孔隙率等来描述这些特征，并发展了相应的检测技术；此外，人们还常按湿固态物料的外观形状将其进行分类。

① 粉状物料

包括食品加工过程中的膏糊状物料及最终的粉状产品，如麦乳精浆料、冰淇淋混料、奶粉、豆粉、果胶、明胶、葡萄糖、果汁粉、咖啡粉等。

② 片、条、块状物料

包括切块马铃薯、切块胡萝卜、切块畜肉等块状物料；条状马铃薯、刀豆、面条、香肠等条状物料；苹果片、洋葱片、叶菜、茶叶、肉片、饼干、鱼片等片状物料。

③ 晶体物料

如食盐、砂糖、味精、柠檬酸等。

④ 颗粒状物料

如谷物、油料种子等。

（2）食品物料的结构特性

根据湿物料的内在结构可将其划分为晶体、胶体和生物组织体。晶体食品如食盐、食糖等；胶体食品如弹性胶体明胶、面团等；生物组织体如肉类、鱼类、果品、蔬菜等，具有各向异性和固态多系统的特征，其内部水分状态复杂。

（3）食品物料的分散体系

从被干燥食品物料的相态上来看，除了占绝对多数的湿固态物料之外，还有少部分为液态，其包括溶液、胶体溶液和非均相态液态食品——溶液食品如葡萄糖溶液、味精溶液、咖啡浸出液等；胶体溶液如蛋白质溶液、果胶溶液等；非均相液态食品如牛奶、蛋液、果汁等复杂的液体悬浮系统。

清晰表述食品物料的物理性质，是优化干燥过程工艺及控制干燥产品质量的需要。比如在建立干燥过程中的热量和质量转换模型时，需要了解物料的体积和表面积，以及孔隙率对气流穿过固体的影响；密度、粒径、形状、孔隙率等会影响热量在物料内部的分布和传递；干燥设备的传热方式、传热面积和保温性能等都会影响热量的传递及利用，进而影响干燥产品的质量。

另一方面，充分掌握食品物料的物理性质也是为了合理地选择适合的干燥方法和干燥设备。滚筒式干燥机的热能供给主要靠导热，要求被干燥物料与加热面间应有尽可能紧密的接触，适合于溶液、悬浮液和膏糊状固-液混合物的干燥，如鱼粉、玉米酱、淀粉渣、酒糟、果渣；沸腾流化床干燥器利用热气流在流化床内的猛烈冲刷、翻腾来强化传热和传质，适用于颗粒状、片状和热敏性物料，如压片颗粒、中药冲剂、玉米胚芽等。

2.2.1.2　食品的微观形态结构

食品结构按尺寸的大小可以分为宏观结构和微观结构。食品的功能性、质构特性和感观特性等的加工操作一般都在 $0.01 \sim 100 \mu m$ 的微细结构水平上。在现有基础上进一步提高食品的质量以及生产新的产品，关键也在于微观水平上的操作，这是因为影响传递特性、物理和流变学特性、质构和感官特性的主要因素涉及的尺度都在 $100 \mu m$ 以下。

食品材料中的分子排列可以分为晶态、液态、气态和过渡态。

（1）食品材料的晶态、液态和气态

晶态是指分子（或原子、离子）之间的排列三维远程有序。在食品中，一些晶体物质如盐、糖等主要以晶体形式存在。

液态是指分子之间的排列只有近程有序，远程无序。液态排列在食品中常见于液体油脂、酱料等。

气态是指分子之间的排列既没有近程有序，也没有远程有序。在食品中，气态排列与蒸气、气泡等有关。

（2）食品材料的过渡态

过渡态介于液态和晶态之间，包括玻璃态和液晶态。

① 食品材料的玻璃态

玻璃态是一种无定形的排列状态，分子之间只有近程有序，缺乏远程有序，这一点与液态一致，但黏度非常高，阻碍了分子间的相对流动，宏观上近似于固态，也称为非结晶固态或过饱和液态，是未发生相变的固液转化。玻璃态在动力学上稳定，热力学上不稳定。

随着干燥脱水、冷冻加工过程，食品中的水溶性成分容易形成"玻璃态"，即形成玻璃态食品。玻璃态对食品干燥具有重要意义。所有干燥、冷冻和冷冻干燥食品都含有无定形区；食品中的蛋白质（如明胶、弹性蛋白、面筋蛋白）、糖类（支链和直链淀粉）、诸多小分子（蔗糖）均可以无定形状态存在。尤其在冷冻干燥过程中，玻璃态转变是干燥物料必然经历的重要变化。

许多干燥食品全部或部分处于玻璃态，如硬糖、硬饼干、一些早餐谷类食物、脱脂乳粉等。谷类食品中的淀粉是形成玻璃态的重要成分，脱脂乳粉是由玻璃态乳糖和其他小分子物质如盐组成，其中包裹了酪蛋白胶粒和球蛋白。对液态食品或半固体食品，为了获得玻璃态，需在溶质发生结晶作用之前采用烘焙、高压膨化、气流干燥、喷雾干燥、冷冻干燥、冷冻浓缩等过程脱除水分。

②食品材料的液晶态

液晶态是介于晶态和液态之间的一种状态，分子之间的排列相对有序，接近晶态，但仍具有一定的流动性。在食品中，液晶态通常与胶体系统、脂肪等有关，常见液晶态食品如动植物细胞膜和一定条件下的脂肪。

食品材料的常见形态以半固态的凝胶、液态溶胶居多，具有大小分子交联混合、网状骨架和分散物质相互贯穿的特点，是局部晶态、液晶态、液态和玻璃态可能共存的体系。在食品干燥过程中，局部可能同时存在晶态、液晶态、液态和玻璃态。

2.2.2 食品原料的主要成分

被干燥的食品物料可被视为含有一定量水分的湿物料，水是食品干燥过程中借助于蒸发或升华从食品原料中去除的对象；同时，水是各类食品原料的基本结构和功能单位。除此之外，食品原料中还含有糖类、蛋白质、油脂、维生素等化学成分，以下分别对各类食品原料的化学组成进行介绍。

2.2.2.1 粮食类原料的化学组成

粮食类食品原料的化学成分主要包括糖类、蛋白质、脂类、维生素、矿物质、其他微量成分等多种营养成分，不同粮食类原料中的营养成分不同，含量也不同，下面以稻米为例进行说明。

（1）糖类

精白米在营养角度上含有的蛋白质、脂肪和其他微量成分相对较少，这是因为在加工过程中，精白米去除了富含蛋白质、脂肪的糠层。因此，精白米的淀粉含量较高。稻米的淀粉颗粒是谷物中粒度最小的，直径为 $7\sim9\mu m$，通常由 $5\sim15$ 个淀粉单粒组成复合淀粉粒。稻米中的微量成分主要集中在糙米的外层或米糠中。此外，稻米中含有植酸盐，主要是镁盐和钾盐。

（2）蛋白质

稻米中的蛋白质主要由谷蛋白、球蛋白、白蛋白和醇溶性蛋白组成。其中，谷蛋白是主要的组分，占总蛋白质的 $70\%\sim80\%$。相比其他谷物，稻米的蛋白质组成较为合理，限制性氨基酸只有赖氨酸，但精白米的总蛋白质含量较低。

（3）脂类和维生素

稻米中的脂类主要存在于糠层、胚芽和糊粉层中。随着精炼程度的提高，精白米中的脂类含量减少。因此，脂类含量常被用来评估米的精炼程度。稻米中的维生素 B_1 和维生素 B_2 主要存在于胚芽和糊粉层中，因此精白米中维生素 B_1 和维生素 B_2 的含量只有糙米的约三分之一。维生素 E 主要存在于糠层中，其中约三分之一是 α-生育酚。

2.2.2.2　果蔬类原料的化学组成

果蔬食品原料的化学组成主要包括水分、糖类、蛋白质、脂肪、膳食纤维、维生素和矿物质等多种营养成分。每种成分在不同的果蔬原料中的含量和比例可能有所不同，但它们共同构成了丰富多样的果蔬食品。

（1）水分

水分是果蔬食品中的主要成分之一。大部分水果和蔬菜的含水量在 70%～95% 之间，这为果蔬食品提供了丰富的口感和水分。同时，水分还对果蔬的保鲜起着重要作用，保持果蔬的新鲜、脆嫩和风味。

（2）糖类

糖类是果蔬食品中的另一个主要成分。糖类是人体获取能量的主要来源，也为食品提供了甜度和口感。果蔬食品中的糖类主要包括单糖（如葡萄糖、果糖）、双糖（如蔗糖、乳糖）和多糖（如淀粉、纤维素）等。

（3）蛋白质

蛋白质是果蔬食品原料中的另一个重要成分，它对身体的生长和修复至关重要。尽管果蔬中的蛋白质含量相对较低，但一些豆类、坚果中的蛋白质含量较高。蛋白质是由氨基酸组成的，它们在人体中起调节代谢、促进细胞修复和组织生长的作用。

（4）脂肪

脂肪是果蔬食品原料中的另一个重要成分。大部分果蔬的脂肪含量较低，通常不超过 1%。然而，一些坚果和种子（如杏仁、核桃和亚麻籽）含有较多的脂肪。这些脂肪主要是健康的不饱和脂肪酸，对心血管健康和细胞功能有益。

（5）膳食纤维

膳食纤维是果蔬食品原料中的重要组成部分。主要存在于植物性食品中，如蔬菜、水果、全谷物和豆类等。膳食纤维有助于促进肠道蠕动和消化系统的健康，可以帮助预防便秘和其他消化问题。

（6）维生素和矿物质

果蔬食品原料还富含各种维生素和矿物质。维生素 C、维生素 A、维生素 K 等维生素和钙、铁、镁、钾等矿物质在果蔬中广泛存在。这些营养素对人体的正常生理功能起到重要作用，如维持免疫系统健康、促进骨骼健康、参与能量代谢等。

2.2.2.3　畜禽肉类原料的化学组成

畜禽食品原料的化学组成取决于不同的动物种类和部位，但一般包括以下几个主要成分。

（1）水分

水分在各种肉类中是占比最多的组成部分，具体含量受动物的种类、年龄及部位影响。

（2）蛋白质

蛋白质是畜禽食品原料中的主要营养成分之一。蛋白质是由氨基酸组成的重要营养物质，它们在动物体内起着结构和功能上的重要作用。例如，肉类、鱼类、蛋类和奶类等动物性食品原料中的蛋白质含量较高，这些蛋白质提供人体所需的必需氨基酸。

（3）脂肪

脂肪是畜禽食品原料中的另一个重要成分。脂肪是高能量营养物质，提供身体所需的能量，并为细胞提供结构和功能支持。畜禽的肥肉、某些高脂肪鱼类（如三文鱼）及蛋黄中脂肪含量较高；而畜禽的瘦肉、多数淡水鱼及禽肉的瘦肉部分，脂肪含量则相对较低。脂肪还是脂溶性维生素（如维生素 A、维生素 D 和维生素 E）的重要来源。

（4）糖类

糖类是畜禽食品原料中的主要能量来源之一。糖类是身体能量的重要来源，可以提供快速能量供应。植物性食品原料中的糖类含量相对较高，如谷物、豆类和根茎类食品原料。在畜禽食品中，谷物往往被用作饲料，提供动物所需的能量。

（5）矿物质

矿物质是畜禽食品原料中不可或缺的营养成分。常见的矿物质包括铁、锌、钙、镁和磷等，它们在骨骼健康、神经传导、肌肉收缩和代谢过程中起着重要作用。这些矿物质主要通过日常饮食摄入。

（6）维生素

畜禽食品原料中还富含各种维生素，这些维生素对维持身体健康非常重要。维生素 A、B 族维生素、维生素 C 和维生素 D 等都存在于畜禽食品中，不同动物所含的维生素种类和含量会有所差异。维生素在身体的新陈代谢、免疫功能、细胞增殖等方面发挥重要作用。

畜禽食品原料的化学组成非常丰富多样。蛋白质、脂肪、糖类、矿物质和维生素等多种营养成分共同构成了畜禽食品的营养基础。不同的动物种类和部位的原料在成分含量和比例上可能会有所不同。

2.2.2.4　水产品类原料的化学组成

水产食品原料的化学组成主要包括水分、蛋白质、脂肪、糖类、矿物质、维生素和盐分等多种营养成分，这些成分都对人体健康起着重要作用。

（1）水分

水分作为水产食品中的主要成分，其含量通常在 60%～90% 之间。水分使食品更加可口，还对水产食品的保鲜起到重要作用。例如，水分可以促进食品中微生物的活动，加速食品变质，因此在加工和储存过程中需要控制水分的含量，以延长食品的保质期。

（2）蛋白质

蛋白质是水产食品原料中的另一重要成分。蛋白质在水产食品中的含量较高，通常在 15%～25% 之间。水产食品中的蛋白质质量较好，易于消化吸收，并且提供了人体所需的必需氨基酸，对身体的发育和维持正常代谢起着重要作用。蛋白质是人体细胞的组成部分，参与身体的生长和修复，同时也是能量的来源之一。

（3）脂肪

水产食品原料中的脂肪含量相对较高，通常在 0.5%～25% 之间。水产食品中的脂肪主要是不饱和脂肪酸，如 n-3、n-6 等，对人体健康有益。脂肪为水产食品提供了更高的能量密度，同时也是影响食物口感和风味的重要因素之一。不饱和脂肪酸具有降低胆固醇和预防心血管疾病的作用。

（4）糖类

水产食品中含有一定量的糖类，通常在 0.1%～5% 之间，如葡萄糖、半乳糖等。糖类为水产食品提供了一定的能量，也是维持人体日常运转所必需的营养素之一。

（5）矿物质

水产食品中的矿物质也值得关注。矿物质是人体正常生理功能所必需的无机物质，包括钙、铁、锌、镁等。这些矿物质在水产食品中的含量丰富，对人体的骨骼、神经系统、免疫系统等起着重要作用。例如，钙是骨骼和牙齿的重要组成部分，铁参与氧的携带和储存，锌则对免疫系统和生长发育具有重要影响。

（6）维生素

水产食品原料中富含各种维生素，如维生素 A、维生素 D、维生素 B_{12} 等。这些维生素对人体的生长发育、视力、免疫力等起着重要作用。例如，维生素 A 对视力保护和维持正常皮肤健康至关重要，维生素 D 则参与钙和磷的吸收和利用，维生素 B_{12} 则对红细胞的形成和神经系统的功能发挥重要作用。

（7）盐分

水产食品中的盐分主要来自食物中溶解的无机盐，如钠盐、钾盐等。适量的盐分可以提高食物的风味和保鲜效果，但过量的盐分对人体健康有害。长期摄入过多的盐分可能增加患高血压和心血管疾病的风险。

水产食品原料的化学组成成分的含量和比例会有所变化，因此在饮食中合理搭配各类水产食品，可以获得多种营养物质的综合供给，保持身体健康。

2.2.3 食品的流变特性和质构特征

食品的流变特性对食品的运输、传送、加工工艺以及咀嚼时的口感等起着关键作用。通过研究食品的流变特性，我们能够了解食品的组织结构变化，并掌握与干燥过程相关的力学性质变化规律，以控制及评估产品质量，并为干燥装置和干燥工艺设计提供参考数据。

食品的组成和形态非常复杂，为了方便研究，我们将主要具有流体性质的食品归类为黏性液态食品，而同时表现出固体性质和黏性流体性质的食品被归类为黏弹性食品。黏性液态食品又可分为两大类：符合牛顿黏性定律的液体称为牛顿流体，不符合牛顿动力学定律的液体称为非牛顿流体。

2.2.3.1 黏性食品的流变性

（1）黏性及牛顿黏性定律

黏性是表现流体流动性质的指标。水和油（食用植物油）都是很容易流动的液体，但是当把水和油分别倒在平板上时，就会发现水的摊开流动速度要比油快，也就是说，水比油更容易流动。这一现象说明油比水更黏。这种阻碍流体流动的性质称为黏性。

（2）黏性流体的分类及特点

① 牛顿流体（Newtonian fluid）

牛顿流体是指牛顿 1687 年提出的一种理想黏性液体。即指具有层流特征的流体，相邻的两层平行流动的液体间产生的剪切应力与垂直于流动方向的速度梯度成正比时，这种液体即为牛顿流体。自然界中许多流体是牛顿流体。水、酒精等大多数纯液体，轻质油，低分子化合物溶液以及低速流动的气体等均为牛顿流体。

② 非牛顿流体（non-Newtonian fluid）

非牛顿流体还可以作如下分类。

a. 假塑性流体（pseudoplastic fluid）

黏度随着剪切速率或剪切应力的增大而减少的流动叫做假塑性流动。这种流动也被叫做剪切稀化流动（shear thinning flow），即由于流速的增加引起黏度减小。假塑性流体符合假塑性流动规律，大部分液态食品都是假塑性液体。

具有假塑性的食品，大多数具有由巨大的链状分子构成的高分子胶体粒子，在低流速或者静止时，由于它们互相缠结，黏度较大，故而显得黏稠。然而流速变大时，这些比较散乱的链状粒子因为会受到流层之间的剪应力作用，减少了它们的互相钩挂，会发生滚动旋转进而收缩成团，于是表现为剪切稀化的现象。

食品工业中的一些高分子溶液、悬浮液和乳状液，如酱油、菜汤、番茄汁、淀粉糊、苹果酱等都是假塑性流体。

b. 胀塑性流体（dilatant fluid）

胀塑性流动是一种在剪应力或剪切速率增加时黏度逐渐增大的表现。这种流动行为也被称为剪切增稠流动。胀塑性流体是在液态食品中相对较少见的一种流体类型。一个典型的例子是生淀粉糊。当我们将水加入淀粉中并搅拌成糊状物时，淀粉糊会像液体一样缓慢流动。但是，如果我们施加更大的剪应力，例如迅速搅拌淀粉糊，它会变"硬"，失去流动性质，甚至迅速搅拌时，阻力大到可以折断搅拌工具。

胀塑性流动现象可以通过胀容现象来解释，见图 2-1。在具有剪切增稠现象的液体中，胶体粒子通常处于致密排列状态，形成了糊状液体。而作为分散介质的水填充在致密排列的粒子间隙中。当施加较小且缓慢的应力时，水可以滑动和流动，因此胶体糊表现出较小的黏性阻力。然而，当施加更大的力量搅拌时，致密排列的粒子会被打乱，形成多孔隙、疏松的排列结构。在这种情况下，水已经无法完全填充粒子之间的间隙，因此粒子与粒子之间没有润滑作用，黏性阻力会骤然增加，甚至失去流动性质。这种情况下，粒子在剧烈的剪切作用下形成疏松的排列结构，外观体积增大，这种现象被称为胀容现象。

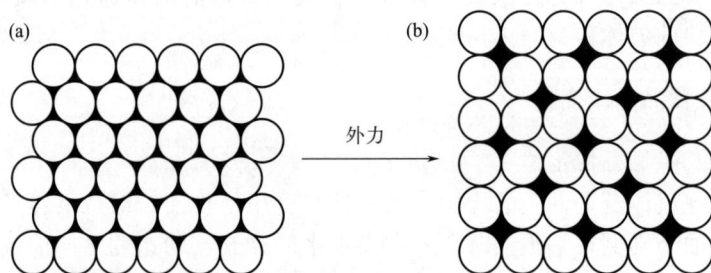

图 2-1　剪切增稠机制
（a）粒子未受扰动时的静止状态；（b）粒子受强烈扰动后的胀容状态

③ 塑性流体（plastic fluid）

当作用在物质上的剪切应力大于极限值时物质开始流动，否则物质就保持即时性状并停止流动，具有此性质的物质称为塑性流体。剪切应力的极限值定义为屈服应力，所谓屈服应力是指使物质发生流动的最小应力，用 σ_0 表示。塑性流体并不随外力的增加或减小而变化，即不像假塑性流体一样随外力的增加或减小而变稠或变稀。塑性流体的最明显特性是，可随作用力（如剪切力）的施加而产生变形，当外力撤除后并不恢复原形。

④ 触变性流体（thixotropic fluid）

在恒定的温度下，如果剪切速率保持不变，流体的切应力和表观黏度会随时间的延长而减小，或者说它们的流变性受应力作用时间的制约，这种流体我们称之为触变性流体。

绝大多数时间依赖性流体是触变性流体。触变性流体内的质点间形成结构，流动时结构破坏，停止流动时结构恢复，但结构破坏与恢复都不是立即完成的，需要一定的时间，因此系统的流动性质有明显的时间依赖性。触变性可以看成是系统在恒温下"凝胶-溶胶"之间的相互转换过程的表现。更确切地说，物体在切力作用下产生变形，若黏度暂时性降低，则该物体即具有触变性。

2.2.3.2　液态食品分散体系的流变性

（1）液态食品分散体系黏度表示方法

在一般情况下，分散体系溶液的黏度比分散介质的黏度大。设 η_0 为分散体系中介质的黏度，η 为溶液的黏度（表观黏度），则：

$$\eta_r = \frac{\eta}{\eta_0} \tag{2-1}$$

$$\eta_s = \frac{\eta - \eta_0}{\eta_0} = \eta_r - 1 \tag{2-2}$$

$$\eta_d = \frac{\eta_s}{c} \tag{2-3}$$

式中，η_r 为相对黏度；η_s 为比黏度；η_d 为换算黏度（或还原黏度）；c 为溶液浓度。换算黏度为单位浓度溶液中黏度的增加比例。有时用相对黏度的对数与浓度的比来表示换算黏度，即：

$$\frac{\ln(\eta/\eta_0)}{c} = \frac{\ln\eta_r}{c} = \{\eta\} \tag{2-4}$$

（2）影响液态食品黏度的因素

液体的黏度受到温度、分散相特性、分散介质特性和乳化剂的影响。根据这些因素的变化，可以调节液体的黏度以满足特定的流动性要求。

① 温度

液体的黏度通常随着温度的升高而降低。一般情况下，每升高 1℃，黏度会减小 5%～10%。

② 分散相的影响

分散相的分子量：分散相的分子量与黏度有关，通常较低的分子量与较小的分子链长度、支化度和支链长度相关，黏度基本与重均分子量成正比。但当分子量大于临界值时，分子链发生缠绕，黏度与重均分子量的 3.4 次方成正比。分散相的浓度：当分散相是球形固体颗粒的液体时，浓度（容积率或容积分率）会影响黏度。一般而言，较高的分散相浓度会导致黏度增加。

③ 分散介质的影响

分散介质的黏度对乳浊液的黏度有很大影响。分散介质的流变特性、化学组成、极性、pH 值和电解质浓度等都可以影响乳浊液的黏度。

④ 乳化剂的影响

乳化剂在乳浊液中起着调节黏度的作用。它们通过影响分散粒子之间的位能、浓度、粒子间的流动以及粒子的电荷性质等方式来改变乳浊液的黏度。此外，稳定剂的添加也可以改变液体的流变特性，使牛顿流体变成非牛顿流体、塑性流体或触变性流体。

2.2.3.3 黏弹性食品的流变性

黏弹性（viscoelasticity）食品是指既具有固体的弹性又具有液体的黏性这样两种特性的食品。

图 2-2 所示为理想的弹性物体、理想的黏性物体和典型的黏弹性物体，当同时受外力作用时，三种物体对外力的反应不同，其中，黏弹性体在 t_1 时表现近似理想的弹性体，而在 t_3 时表现近似理想的黏性体。人们咀嚼食品时，口腔作用在食品上的时间非常短，因此，感知食品似弹性体。但是，在加工如混合、搅拌、挤压等过程中，食品受力时间往往较长，这时黏弹性体更近似于黏性体。黏弹性食品往往都有一定形状的组织结构或者网格结构，在受到外力作用时，将发生变形、屈服、断裂、流动等多种现象，是比较复杂的力学问题。

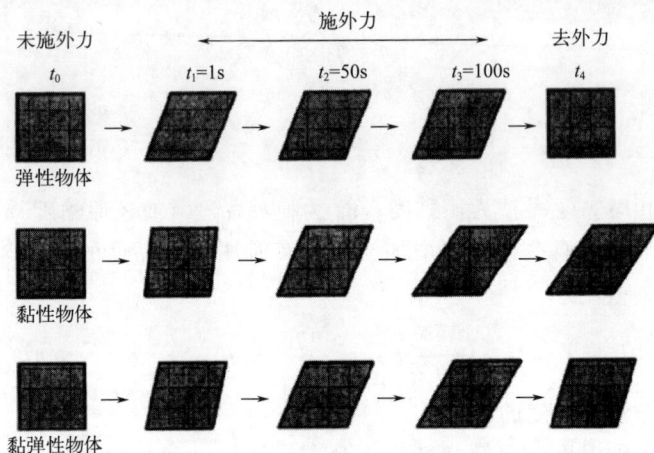

图 2-2　弹性物体、黏性物体和黏弹性物体受力反应

黏弹性一般分为两种类型：①线性黏弹性，黏弹性质仅与时间有关，与外力大小等无关，多数食品在小的应变量内均可视为线性黏弹性体；②非线性黏弹性，黏弹性质不但与时间有关，而且与外力大小和应变速率等有关，食品在口腔内咀嚼时就是非线性黏弹性体，是非常复杂的力学问题。

2.2.3.4 食品质构特征

（1）食品质构的定义

根据国际标准化组织的规定，食品的质构是指通过力学、触觉等感知方法能够感知的食品的流变学特性的综合感觉。这包括食品的外观感觉、手指对食品的触摸感和摄入食品后产生的口腔综合感觉，如咀嚼时的软硬、黏稠、酥脆、滑爽等感觉，与气味、风味等食品属性无关。食品的质构是与食品的组织结构和状态密切相关的物理特性。

（2）食品质构特征

食品的质构特征包括压缩性、张力、咀嚼性以及黏度等。

① 压缩性

压缩性是质构特征中的重要参数之一，用于描述物质受到外界力的响应，通常通过测量食品的弹性模量、弹性恢复率和变形能量等参数来刻画。压缩性特征反映了食品的柔软度、弹性和形变能力。

② 张力

张力用于描述食品在受到拉伸或在剪切力作用下的抗拉强度和伸长性。张力特征描述了食品的韧性和延展性。

③ 咀嚼性

咀嚼性是指食品在口腔咀嚼过程中的感知特征，包括咀嚼弹性、口感变化和颗粒感等。咀嚼性与食品的口感、嚼劲和咀嚼能力等有关。

④ 黏度

黏度是指液态食品的内部摩擦或其抵抗流动的能力。黏性的大小以黏度（或黏性系数、黏性率）表示。

2.2.4　食品的热物性

食品的热物性是指食品在加热或冷却过程中的热传导、热扩散和热容性。通过控制食品的加热和冷却速度，我们可以延长食品的保质期和改善食品的质量。

（1）食品的热传导性能

食品的热传导性能是指食品中热量在加热过程中的传导速度。热传导性能取决于食品的组分和结构，不同成分在热传导性能上有所区别。

① 水分对食品的热传导性能起着重要作用。水分具有很高的热导率，因此水分含量高的食品通常具有较好的热传导性能。例如，蔬菜和水果中水分含量较高，因此它们能够快速传导热量，加热时均匀受热。

② 脂肪对食品的热传导性能有所影响。脂肪具有较低的热导率，导致脂肪含量高的食品的热传导性能较差。例如，坚果和油脂类食品中脂肪含量较高，使得它们在加热过程中热量传导较慢，需要更长的时间才能均匀受热。

③ 蛋白质和糖类等成分对食品的热传导性能也有影响，但相对较小。这些成分的热导率通常介于水分和脂肪之间。蛋白质和糖类经常存在于谷类、肉类和豆类等食品中，它们在加热过程中的热导率会对食品的加热速度产生一定影响。

④ 除了食品的成分外，食品的结构也是影响其热传导性能的重要因素。食品的结构可以分为松散的结构和致密的结构两种。

a.松散的食品结构。蔬菜、水果等具有较多的空隙和细小的孔隙，这种结构使得热量在食品内部能够更容易传导。当加热蔬菜或水果时，热量可以通过空隙和孔隙的路径迅速传导，使食品能够均匀受热。

　　b.致密的食品结构。肉类、乳制品等具有较少的空隙和孔隙，这种结构使得热量在食品内部传导相对困难。当加热肉类或乳制品时，热量需要通过食品中较密集的分子间进行传导，这就导致热量的传导速度较慢。

　　⑤ 食品的结构还受到热加工方式的影响。不同的热加工方式可以改变食品的结构，从而影响其热传导性能。

　　(2) 食品的热扩散

　　食品的热扩散性能是指食品在加热过程中热量的分布均匀性。在食品的加热过程中，热量会从高温区域向低温区域传导，以达到热平衡。食品的热扩散性能取决于其温度和物理结构。

　　① 食品的温度对热扩散性能有重要影响。温度越高，热量的传导速度越快。当食品受热时，高温区域的热量会向周围低温区域传导，造成热量的均匀分布。如果食品温度不均匀，就会导致热量在部分区域过度积聚，使得该部分食品局部过热，煮烟或烤焦等情况可能发生。因此，控制食品的加热温度是保证食品热扩散性能的关键。

　　② 食品的物理结构也对热扩散性能有重要影响。食品的物理结构可以分为松散和致密两种，这取决于食品中空隙和孔隙的大小和分布。松散的结构具有较多的空隙和孔隙，热量可以通过这些通道迅速传导，从而使食品能够均匀受热。相反，致密的结构具有较少的空隙和孔隙，热量在食品内部传导相对困难，热量的传导速度较慢。因此，食品的物理结构直接影响热量的传导和分布，进而影响食品的热扩散性能。

　　③ 为了提高食品的热扩散性能，在食品加热过程中，可以适当调整加热时间和温度，避免食品过度加热或不均匀加热；还可通过适当搅拌或翻动食物，使热量更好地传导，从而提高食品的热扩散性能。

　　(3) 食品的热容性

　　食品的热容性是指食品吸热或放热过程中所需的热量变化。热容性取决于食品的质量和成分。质量较大的食品在加热和冷却时需要更多的热量，而较小的食品则需要较少的热量。同时，食品中的脂肪和蛋白质等成分通常具有较高的热容性，导致食品在加热和冷却时对热量的吸收和释放较多。

　　① 食品的质量是影响其热容性的重要因素。质量较大的食品需要更多的热量才能提升其温度。这是因为质量较大的食品具有更多的分子和原子以及相对较高的惯性和惯性热量，使得它们在加热或冷却时需要更多的能量。相反，质量较小的食品则需要较少的能量，因为它们具有更少的分子和原子，能够更快速地吸收或释放热量。

　　② 食品的成分也对热容性产生影响。脂肪和蛋白质等高能量的成分在加热过程中需要更多的热量。这是因为脂肪和蛋白质含有较多的化学键和分子结构，需要相对较高的能量来改变其内部结构。相比之下，水和糖等低能量成分的热容性相对较低，它们在加热和冷却时不需要太多的热量。食品中不同成分的热容性差异导致在加热过程中热量的吸收和释放不均匀，从而影响食品的热传递和加热效果。

　　③ 根据不同食品的热容性特点，我们可以合理调控加热的时间、温度和火力，以达到理想效果。例如，在干制肉类时，我们可以在短时间内迅速提高温度，使蛋白质表面迅速卷起，锁住内部水分，从而保持肉质的嫩滑。而对于含有高脂肪的食物，我们可以适当降低温度，避免过度烘烤导致脂肪过度溶化，并控制时间，使食品的脆皮能够均匀形成。

（4）食品加工过程中涉及加热和冷却等问题

比如在罐头食品杀菌时的温度分布、牛奶浓缩时所需的热量、冻结或解冻时的传热方向等。要解答这些问题，我们需要了解食品原料的热特性，尤其是对于深加工食品和新资源食品来说，更加必要。

① 比热容是指使食品材料温度升高 1 K 所需的热量。传统的方法是在恒温槽中直接测量，而现在我们可以使用差式扫描量热法（differential scanning calorimetry，DSC）来测量材料的比热容。这种方法只需要很少的样品量，通常为 5～15mg，而且可以测量很大的温度范围，非常适合测量食品材料的比热容和温度之间的关系。

② 焓值是相对值，以 −40℃ 的冻结状态为零点。过去我们一般是根据冻结潜热、冻结率和比热容等数据计算物质的焓值，很少直接测量。对于食品材料，很难确定在某一温度时食品中的冻结比例，而不同冻结率对应不同的焓值。现在，使用 DSC 直接测量食品的焓值是一种新方法。该方法温度从 −60℃ 开始上升到 1℃ 以上，−60℃ 时，食品中的水分已全部冻结，而到 1℃ 以上已全部融化成液体。

③ 测量食品材料的热导率（λ）比测量比热容困难得多。热导率不仅与食品材料的组分、颗粒大小等因素有关，还与材料的均匀性有关。通常用于测量工程材料热导率的标准方法，在食品材料上已经不太适用了，因为这些方法需要很长的平衡时间，在此期间，食品材料会发生水分的迁移，影响热导率的测量。

【复习思考题】

1. 食品原料干燥过程能耗与形成的最终品质与哪些指标有关？
2. 食品干燥常用的原辅材料有哪些？
3. 食品物料的基本物理形态有哪些？
4. 食品材料的微观分子形态有哪些？
5. 食品质构的定义是什么？有哪些特征？

第 3 章　食品干燥机制

　　本章所述食品干燥就是采用加热来蒸发脱水，几乎完全除去食品中的水分，使水分含量在 15% 以下，以达到抑制微生物的生长与繁殖、延长食品贮藏期的目的，而食品的其他性质在此过程中几乎没有或者极小地发生变化，通常也将干燥称为干制。从食品中除去水分主要有两种操作：浓缩（concentrate）和干燥（dry）。两者之间的明显区别在于食品中水的最终含量和产品的性质。浓缩得到的产品是液态，而干燥产品的水分含量很低，以至于具有固体特性。干燥和浓缩的基本特征对比列于表 3-1。

表 3-1　干燥和浓缩的基本特征对比

特征	干燥	浓缩
产品的形状特征	片状、颗粒或粉末	高浓度溶液
水分移除机制	食品内部的分子转移 食品表面到干燥介质的质量对流传递	与对流干燥相同 半透膜的选择透过性
最终水分含量	15% 以下	15% 以上

　　近代干燥理论将干燥过程看作是能量和物质（水分）在物料内部和周围环境之间的综合迁移。干燥时同时存在两个过程：热量传递过程——热空气中的热量从空气传到食品表面，由表面再传到食品内部；物质传递过程——食品中水分子受热后变为水蒸气并尽可能占据所有细胞间隙，从而产生压力。这种压力进一步体现在食品物料表面的水蒸气分压 P_s 上，当其大于周围湿空气的水蒸气分压 P_a 时，物料表面的水分子就立即转移到空气中（外部转移），并驱动食品物料内部的水分子迁移到与干燥空气接触的表面（内部转移）。

3.1　干燥机制

　　当对食品进行干燥时，食品水分转移和热量传递的过程可用图 3-1 来表示。在干制过程中，如果考虑在简单情况下，则食品表面水分受热后首先由液态转化为气态（即水分蒸发），而后水蒸气从食品表面向周围介质中扩散，于是食品表面水分含量低于它的内部，随即在食品表面和内部间建立了水分差或水分梯度，会促使食品内部水分不断地向表面转移，这样不仅减少了表面水分，而且也使内部水分不断减少。但在复杂情况下，水分蒸发也会在食品内部某些区间甚至全面进行，因而食品内部水分就有可能以液体或蒸汽状态向外扩散转移。

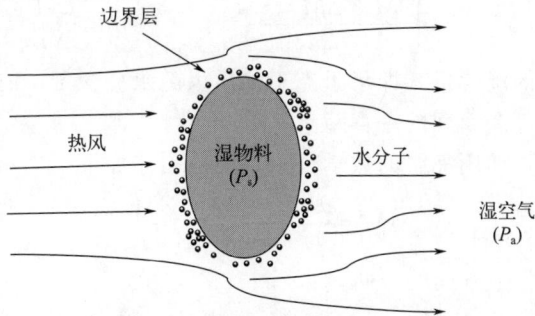

图 3-1　干燥过程中水的移动示意图

3.1.1　导湿性

干制过程中潮湿食品表面水分受热后首先由液态转化为气态，即水分蒸发，而后，水蒸气从食品表面向周围介质扩散，此时表面湿含量比物料中心的湿含量低，出现水分含量的差异，即存在水分梯度。水分扩散一般总是从高水分处向低水分处扩散，亦即从内部不断向表面方向移动。这种水分迁移现象称为导湿性；同时，当食品置于热空气的环境下，热空气中的热量就会首先传到食品表面，食品表面受热高于它的中心，因而在物料内部会建立一定的温度差，即温度梯度。这种温度梯度的存在也会影响食品干燥过程——温度梯度将促使水分（无论是液态还是气态）从高温向低温处转移。这种现象称为导湿温性。干燥过程中，食品湿物料内部同时会有水分梯度和温度梯度存在，因此，水分的迁移过程和最终结果是导湿性和导湿温性共同作用、此消彼长的结果。

3.1.1.1　导湿性

干制过程中潮湿食品表面的水分受热后首先进行蒸发，而后水蒸气从食品表面向周围介质中扩散，此时食品表面的湿含量比中心的湿含量低，即存在水分梯度。同时，食品高水分区水分子就会向低水分区转移或扩散。这种由于水分梯度使得食品水分从高水分处向低水分处转移或扩散的现象常称为导湿现象，也可称它为导湿性（图 3-2）。

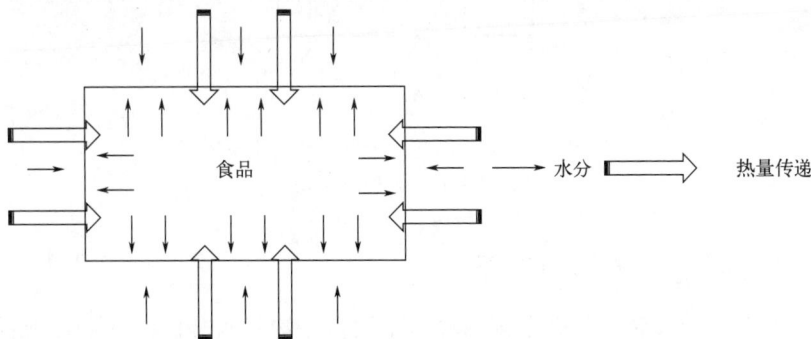

图 3-2　干燥过程热湿传递模型

3.1.1.2 水分梯度

若用 M 表示等湿面水分含量，则由外到内沿法线方向相距 Δn 的另一等湿面上的水分含量为 $M+\Delta M$（见图 3-3），那么食品内的水分梯度 $\mathrm{grad}M$ 则为：

$$\mathrm{grad}M = \lim\left[\frac{(M+\Delta M)-M}{\Delta n}\right]_{\Delta n=0} = \lim_{\Delta n\to 0}\frac{\Delta M}{\Delta n} = \frac{\partial M}{\partial n} \tag{3-1}$$

式中　M——食品内的湿含量，即每千克干物质内的水分含量，kg/kg；

　　　n——食品内等湿面间的垂直距离，m。

水分梯度为向量，如用完整的数学公式，则应表述如下：

$$\Delta M = \frac{\partial M}{\partial x}i + \frac{\partial M}{\partial y}j + \frac{\partial M}{\partial z} \tag{3-2}$$

式中　　　　i,j——各个方向的分向量；

$\dfrac{\partial M}{\partial x}$，$\dfrac{\partial M}{\partial y}$，$\dfrac{\partial M}{\partial z}$——无向量导数。

因此，水分梯度为空间内水分含量沿着法线发生变化的速度。M 值不仅因坐标而异，而且还取决于时间，故水分梯度可用偏导数方程式加以表达。

导湿性所引起的水分转移量 $I_{湿}$ 则可按照式（3-3）求得。

$$I_{湿} = -K\gamma_0\frac{\partial M}{\partial n} = -K\gamma_0\Delta M \tag{3-3}$$

式中　$I_{湿}$——食品内水分转移量，为单位时间内单位面积上的水分转移量，kg/(m²·h)；

　　　K——导湿系数，m²/h；

　　　γ_0——单位潮湿食品容积内绝对干物质质量，kg/m³；

　　　"—"——表示水分转移的方向与水分梯度的方向相反。

导湿系数是食品物料的比例常数，但在干燥过程中并非稳定不变，它随着食品水分含量和温度的变化而异。

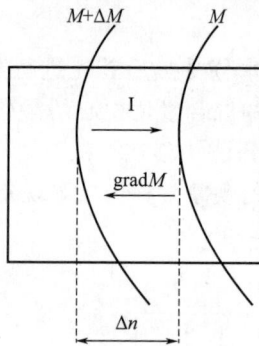

图 3-3　水分梯度影响下水分的流向

I—水分减少（或转移）的方向

3.1.1.3 导湿系数与食品水分的关系

导湿系数随水分和物料结合形式而异，不同食品物料水分的导湿系数变化如图 3-4 所示。

如图 3-4 所示，K 值的变化极为复杂，基本上可分为三个区域——Ⅰ、Ⅱ和Ⅲ。当物料在Ⅲ区时，食品水分含量较高，这部分被排除的水分基本上为多层水，以液体状态转移，导湿系数因而始终稳定不变（DE 线段）。当到达Ⅱ区时，被去除的水分基本上为多层水。

这部分水以蒸汽状态和液体状态扩散转移，导湿系数也就下降（DC 线段）。随着干燥进行到达Ⅰ区时，再进一步排出的水分则为邻近水，基本上以蒸汽状态扩散转移，开始时因先为多分子层水分，后为单分子层水分，而单分子层水分和物料结合极为牢固，故导湿系数先上升（CB）而后下降（BA 段）。这些表明食品物料导湿系数将随物料结合水分的状态而变化。

大多数食品为毛细管多孔性胶体物质，它含有如图 3-4 所涉及的各种结合水分，但由于食品构成成分差异，干制过程中导湿系数的变化不一样，必须加以重视，才有利于干制品的质量。

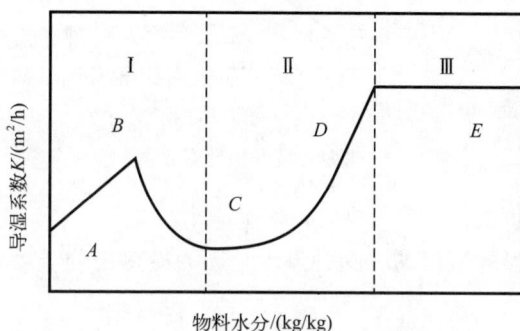

图 3-4　食品物料水分和导湿系数间的关系

Ⅰ—化合水；Ⅱ—邻近水；Ⅲ—多层水

温度对食品物料导湿系数也有明显的影响。对硅酸盐类物质导湿性的研究表明，导湿系数与热力学温度的 14 次方成正比。

$$K = \left(\frac{T}{290}\right)^{14} \tag{3-4}$$

这种关系表示见图 3-5。通过这种关系可以得到启示，若将导湿性小的物料在干制前加以预热，可以提高导湿系数，就能显著地加速干制过程。在具体操作时，为了在加热时避免食品物料表面水分蒸发，可以将食品物料先在饱和湿空气中加热。

3.1.2　导湿温性

在空气对流干燥中，食品物料表面受热高于它的中心，因而在物料内部会建立一定的温度梯度，温度梯度将导致水分在食品内部发生迁移。

3.1.2.1　导湿温性的表现形式

雷科夫首先证明温度梯度将促使水分（不论液态或气态）从高温处向低温处转移。这种由温度梯度引起的导湿温现象被称为导湿温性，也称为热湿传导或雷科夫效应，具体表现为以下 3 种形式。

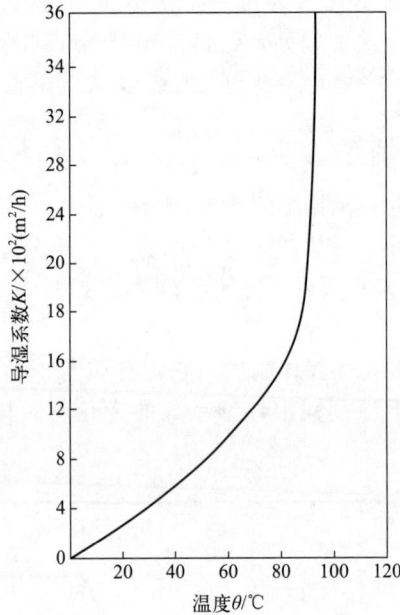

图 3-5　硅酸盐温度和导湿系数的关系

（1）水分子的热扩散

以蒸汽分子流动形式进行的，这种流动是因为冷热层分子运动速度不同而产生。

（2）毛细管传导

表面张力随温度的升高而降低，从而使毛细管势增加，水分就以液体形式由较热层进入较冷层。

（3）毛细管空气挤压

温度升高使毛细管内部所夹持空气的体积膨胀，把水分挤向温度较低处。

3.1.2.2　导湿温性引起的水分迁移

导湿温性是在许多因素影响下产生的复杂现象，主要是高温将促使液体黏度和它的表面张力下降，但将促使蒸气压上升。此外，高温将使食品间隙中的空气扩张，空气扩张会挤压毛细管内水分顺着热流方向转移，由于热流的方向与水分梯度的方向相反，因而温度梯度是食品干燥时水分减少的阻碍因素。

（1）温度梯度与水分迁移

若用 θ 表示等温面上的温度，则由内到外沿法线方向相距 Δn 的另一等温面上的温度为 $\theta + \Delta\theta$（见图 3-6），那么食品温度梯度 $\mathrm{grad}\theta$ 可以采用类似水分梯度的数学处理方式来表示：

$$\mathrm{grad}\theta = \delta\frac{\partial\theta}{\partial n} \tag{3-5}$$

因此，由导湿温性引起水分转移的流量 $I_{温}$ 和温度梯度的关系可通过式（3-6）求得：

$$I_{温} = -K\gamma_0\delta\frac{\partial\theta}{\partial n} \tag{3-6}$$

式中　$I_温$——食品物料内水分转移量，为单位时间内单位面积上的水分转移量，$kg/(m^2 \cdot h)$；

　　　K——导湿系数，m^2/h；

　　　γ_0——单位潮湿物料容绝对干物质质量，kg/m^3；

　　　δ——湿物料的导湿温系数 $1/℃$，或 $kg/[kg（干物质）\cdot ℃]$；

　　"$-$"——表示水分转移的方向与温度梯度的方向相反。

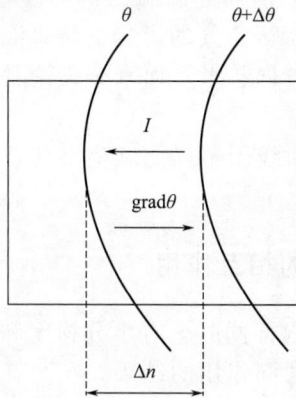

图 3-6　温度梯度影响下水分的流向

I—水分转移量

（2）导湿温系数

导湿温系数（δ）就是温度梯度为 $1℃/m$ 时所引起的水分转移量，即：

$$\delta = -\frac{\partial M}{\partial n} \Big/ \frac{\partial \theta}{\partial n} \tag{3-7}$$

它和导湿系数（K）一样，会因食品物料水分的差异（即物料和水分结合状态）而变化。导湿温系数和物料水分的关系见图 3-7。

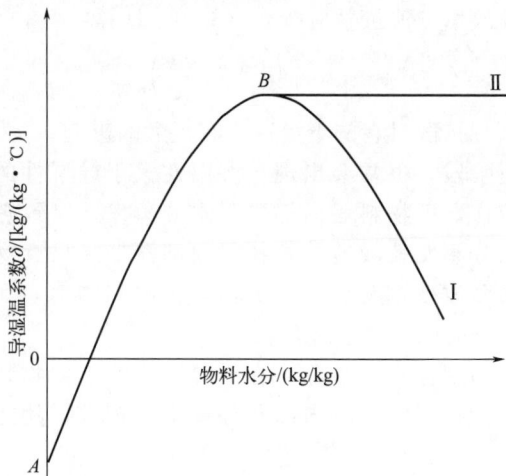

图 3-7　导湿温系数和物料水分的关系

在水分含量较低（AB 段）时，导湿温系数随着物料水分含量的增加而上升，但达

到最高点 B 时，可因物料的情况不同而产生两条曲线，随着水分含量的增高沿曲线Ⅰ下降，或沿曲线Ⅱ恒定不变。

低水分含量时物料水分主要是邻近水，以气态方式扩散，δ 值低，当水分含量很低时，由于受空气挤压的影响，δ 甚至出现负值。随着水分含量增加，是多分子层水，结合力减弱，扩散向液态方式转变，故 δ 不断增加，而在高水分含量（达 B 点）时则以液态转移为主。最高的 δ 值时为结合水和自由水（多分子层水和自由水）的分界点。此后水分总是以液体状态流动，因而导湿温性就不再因物料水分而发生变化，δ 不变（即曲线Ⅱ）。但如因受物料内挤压空气的影响，妨碍液态水分转移，则导湿温性下降（即曲线Ⅰ）。空气是顺着热流方向扩散，而水分无论是以蒸汽或液态方式转移，都是逆着热流方向。

导湿温性和物料水分关系曲线图不仅能反映出食品物料和水分结合状态的变化而且也反映了它的扩散机理。

3.1.3　导湿性与导湿温性的相互作用

干制过程中，食品湿物料内部同时会有水分梯度和温度梯度存在，因此，水分的总流量是由导湿性和导湿温性共同作用的结果。在两者共同的推动下水分总流量将为两者之和，即：

$$|I_{总}| = |I_{湿}| + |I_{温}| \tag{3-8}$$

对对流干燥而言，温度由物料表面向中心传递，而水分流向正好相反，即温度梯度和水分梯度的方向恰好相反，两者的符号也相反：

$$I_{总} = I_{湿} - I_{温} \tag{3-9}$$

则导湿温性将成为水分沿水分梯度扩散的阻碍因素，水分扩散受阻。

若导湿性比导湿温性强，水分将按照物料水分减少方向转移；若导湿温性比导湿性强，水分则随热流方向转移，并向水分增加方向发展，则食品水分含量减少变慢或停止。这种情况常在面包焙烤的初期阶段出现。在大多数情况下导湿温性常成为内部水分扩散的阻碍因素。故水分流量就应按式（3-10）计算：

$$I = -K\gamma_0 \left(1 - \delta \frac{\partial \theta}{\partial M}\right) \frac{\partial M}{\partial n} \tag{3-10}$$

显然，物料内部水分扩散对它的干燥速率有很大的影响。

在对流干燥的降速阶段，也常会出现导湿温性大于导湿性的情况，于是物料表面水分就会向它的深层转移，而物料表面仍进行水分蒸发，以致它的表面迅速干燥而温度也迅速上升，这样水分蒸发就会转移到物料内部深处。只有物料内层因水分蒸发而建立了足够的压力，才会改变水分转移的方向，扩散到物料表面进行蒸发。这样不利于物料干燥，延长了干燥时间。

如物料内部无温度梯度存在，水分将在导湿性影响下向物料表面转移，并在表面蒸发。干燥过程若能维持相同的物料内部和外部水分扩散，就能延长恒速干燥阶段并缩短干燥时间。

3.1.4　影响热湿传递的因素

对热湿传递的影响因素主要来自外部和内部，即干燥条件（主要由干燥设备和作业条件决定）和物料性质。干燥条件包括空气（干燥介质）温度、空气流速、相对湿度、大气气压（真空度）和物料温度；而内部影响因素即食品的结构性质和形态，包括物料表面积、物料的组成和结构（食品成分在物料中的位置、纤维结构的定向、细胞结构、溶质（蛋白质、糖类、盐、糖等）的类型和浓度、水分存在状态等。

3.1.4.1 干燥条件的影响

（1）空气温度

食品干燥时，提高空气温度，干燥速度加快。由于温度提高，传热介质与食品间温差加大，热量向食品传递的速率越大，水分蒸发扩散速率也越大。对于一定相对湿度的空气，随着温度提高，空气相对饱和湿度下降，这会使水分从食品表面扩散的动力更大；温度越高，内部水分扩散或迁移的速率就越快，内部干燥速度也越快。

增加空气温度可以通过影响内部水分迁移（降速阶段）和外部水分扩散（恒速阶段）使干燥加速。但过高的空气温度会引起食品发生不必要的化学和物理反应，故干燥的温度不能过高。

（2）空气流速

由边界层理论可知，空气流速越大，气膜越薄，越有利于增加干燥速率。热空气所能携带的水蒸气量高于冷空气而吸收较多的蒸发水分，而且还能及时将聚集在食品表面附近的饱和湿空气带走，以免阻止食品内水分的进一步蒸发；同时还因为与食品表面接触的空气增加，对流质量传递速度提高，而显著地加速食品中水分的蒸发。降速期的干燥通常不受外部条件限制，故增加空气流速一般对降速期影响很小。

（3）空气相对湿度

食品表面和干燥空气之间的水分蒸气压差是影响外部质量传递的推动力，对于一种给定食品，空气相对湿度增加会降低推动力，近乎饱和的湿空气进一步吸收蒸发水分的能力远低于干燥空气，饱和湿空气无法进一步吸收来自食品的蒸发水分。相对湿度一般对由内部质量传递控制的降速期干燥来说影响轻微。

（4）大气压力和真空度

当在真空下干燥时，空气的气压减少，水的沸点也就相应降低，气压愈低，沸点也愈低，将加速食品水分的蒸发，使恒速期的干燥发生更快；当干燥受内部质量传递控制时，真空操作对干燥速率影响不大。若加快干燥速率，可以升高温度，使空气流速上升，相对湿度下降，真空度上升。

3.1.4.2 物料性质的影响

（1）表面积

食品干燥的快慢取决于水分子在食品内部必须移动的距离。将食品切割成表面积更大的小颗粒或薄片有助于加快干燥速率，因水分子在这种情况下达到物料表面的距离变短。

（2）组分定向

食品微结构的不定向必然影响食品内水分转移的速率。食品内水分迁移在不同方向上是完全不同的，这取决于食品组分的定向。例如：芹菜的纤维结构使得沿着长度方向比横穿细胞结构的方向干燥要快得多。肉类蛋白质纤维结构中也存在类似行为。

（3）细胞结构

由于水分穿过细胞需克服阻力，细胞之间的水分比细胞内的水更易除去。当细胞结构被破坏时，有利于干燥。但细胞破裂会引起干制品质量下降。

（4）溶质类型和浓度

水分子在干燥过程中的迁移率与细胞组分密切相关，特别是在水分含量较低的情况下。食品溶液中的溶质如蛋白质、盐、糖类等与水分子相互作用，结合力变大，水分活度降低，从而抑制水分子迁移；尤其在低水分含量（高浓度）时还会增加食品的黏度。浓度越高，则影响越大。这些物质通常会降低水分迁移速度和干燥速率。

要想达到优化干燥过程、降低能量的目的，既要在特定阶段以适当方式提供适当的能量，也必须重视物料的特性。

3.2　干燥过程的特性

3.2.1　干燥曲线

食品干制过程的特性可由食品干燥曲线来反映。干燥曲线可由干燥过程中水分含量、干燥速率和食品温度的变化组合在一起较全面地加以表达。水分含量曲线就是干制过程中食品水分含量变化和干制时间之间的关系曲线；干燥速率曲线反映食品干制过程中任何时间内水分减少的快慢或速度大小，即 $\dfrac{\mathrm{d}M}{\mathrm{d}t} = f(M)$ 的关系曲线；食品温度曲线可反映干制过程中食品本身温度的高低，对了解食品质量有重要的参考价值。

食品干燥曲线如图 3-8 所示。

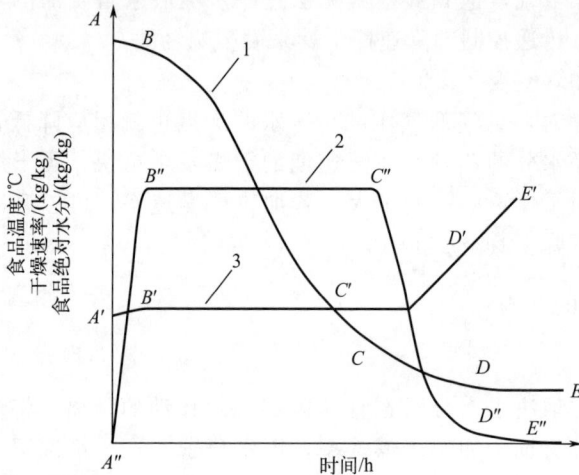

图 3-8　食品干燥曲线

（1）水分含量曲线

图 3-8 中曲线 1 表示水分含量曲线，由 *ABCDE* 线段组成。当潮湿食品被置于加热的空气中进行干燥时，首先食品被预热，食品表面受热后水分就开始蒸发，但此时由

于存在温度梯度会使水分的迁移受到阻碍，因而水分的下降较缓慢（AB）；随着温度的传递，温度梯度减小或消失，则食品中的自由水蒸发和内部水分迁移快速进行，水分含量出现快速下降，几乎是直线下降（BC）；当达到较低水分含量（C 点）时，水分下降减慢，此时食品中水分主要为多分子层水，水分的转移和蒸发则相应减少，该水分含量被称为干燥的第一临界水分；当水分减少趋于停止或达到平衡（DE）时，最终食品的水分含量达到平衡水分。平衡水分取决于干燥时的空气状态如温度、相对湿度等。

水分含量曲线特征的变化主要由内部水分迁移与表面水分蒸发或外部水分扩散所决定。

（2）干燥速率曲线

干燥速率是水分子从食品表面跑向干燥空气的速度。图 3-8 中曲线 2 所示就是典型的干燥速率曲线，由 $A''B''C''D''E''$ 组成。食品被加热，水分开始蒸发，干燥速率由小到大一直上升，随着热量的传递，干燥速率很快达到最高值（$A''B''$），为升速阶段；达到 B'' 点时，干燥速率为最大，此时水分从表面扩散到空气中的速率等于或小于水分从内部转移到表面的速率，干燥速率保持稳定不变，是第一干燥阶段，又称为恒速干燥阶段（$B''C''$）。在此阶段，食品内部水分很快移向表面，并始终为水分所饱和，干燥机理为表面汽化控制，干燥所去除的水分大体相当于物料的非结合水分。

干燥速率曲线到达 C'' 点，对应于食品第一临界水分（C）时，物料表面不再全部为水分润湿，干燥速率开始减慢，由恒速干燥阶段到降速干燥阶段的转折点 C''，称为干燥过程的临界点。干燥过程跨过临界点后，进入降速干燥阶段（$C''D''$），这就是第二干燥阶段的开始。干燥速率的转折标志着干燥机理的转折，临界点是干燥由表面汽化控制到内部扩散控制的转变点，是物料由去除非结合水到去除结合水的转折点。该阶段开始汽化物料的结合水分，干燥速率随物料含水量的降低，迁移到表面的水分不断减少而使干燥速率逐渐下降。此阶段的干燥机理已转为被内部水分扩散控制。

当干燥速率下降到 D'' 点时，食品物料表面水分已全部变干，原来在表面进行的水分汽化则全部移入物料内部，汽化的水蒸气要穿过已干的固体层而传递到空气中，阻力增加，因而干燥速率降低更快。在这一阶段食品内部水分转移速率小于食品表面水分蒸发速率，干燥速率下降是由食品内部水分转移速率决定的，当干燥达到平衡水分时，水分的迁移基本停止，干燥速率为零，干燥就停止（E''）。

（3）食品温度曲线

图 3-8 中曲线 3 是食品温度曲线，由 $A'B'C'D'E'$ 组成。干制初期食品接触空气传递的热量，温度由室温逐渐上升达到 B' 点，是食品初期加热阶段（$A'B'$）；达到 B' 点，此时干燥速率稳定不变，该阶段热空气向食品提供的热量全部消耗于水分蒸发，食品物料没有受到加热，故温度没有变化。物料表面温度等于水分蒸发温度，即和热空气干球温度和湿度相适应的湿球温度。在恒速阶段，食品物料表面温度等于湿球温度并维持不变（$B'C'$）；到达 C' 点时，干燥速率下降，在降速阶段内，水分蒸发减小，由于干燥速率的降低，空气对物料传递的热量已大于水分汽化所需的潜热，因而物料的温度开始不断上升，物料表面温度越来越比空气湿球温度高，食品温度不断上升（$C'D'$）；当干燥达到平衡水分时，干燥速率为零，食品温度则上升到和热空气温度相等，为空气的干球温度（E'）。

3.2.2　干燥阶段

在典型的食品干燥中，干燥过程经历干燥速率恒定阶段（恒速期）和干燥速率降低阶段（降速期）。随着干燥过程的进行，食品内部的水分梯度逐渐减小，温度梯度逐渐增大，水分从内部向表面的扩散逐渐减弱，而物料表面的水分蒸发速度则取决于周围空气的状态变化。若表面水分的蒸发速度不大于内部水分的扩散速度，则干燥过程就能维持在恒速干燥阶段；反之，若水分的蒸发速度大于水分的扩散速度，干燥进入减速干燥阶段。在减速干燥阶段，会出现导湿温性大于导湿性，迫使水分从外层向内部转移，而表面水分仍然蒸发，导致食品表面出现硬化和龟裂。

在典型的食品热风干燥过程中，物料首先要进行预热，其次再经历干燥速率恒定阶段（恒速期）和干燥速率降低阶段（降速期）。在预热阶段，物料温度迅速上升至湿球温度（液体蒸发温度）；恒速干燥阶段食品表面温度基本保持恒定不变，周围空气提供的能量主要用于水分蒸发；降速干燥阶段物料温度缓慢上升，到达临界点（即物料从恒速阶段转入降速干燥的点）后温度迅速上升直至与空气干球温度相等。

（1）恒速期（constant rate period，CRP）

在大部分食品中，干燥速率就是水分子从食品表面跑向干燥空气的速度，在这种情况下，食品表面水分含量被认为是恒定的，因为水从产品内部迁移的速度足够快，可保持恒定的表面湿度。也就是说水分子从食品内部迁移到表面的速率大于（或等于）水分子从表面跑向干燥空气的速率，于是干燥速率是由水分子从产品表面向干燥空气进行对流质量传递的推动力所决定的，表达式如下：

$$-m_s \frac{\mathrm{d}M}{\mathrm{d}t} = K_g A(p_{ws} - p_{wa}) \tag{3-11}$$

式中　m_s——干燥食品中干物质的总量，kg；

　　　M——水分含量，kg/kg；

　　　t——干燥时间，s；

　　　K_g——对流质量传递系数，$[\mathrm{kg}/(\mathrm{m}^2 \cdot \mathrm{s} \cdot \mathrm{Pa})]$；

　　　A——与干燥空气接触的食品表面积，m^2；

　　　p_{ws}——食品表面的水分蒸气压，Pa；

　　　p_{wa}——干燥空气的水分蒸气压，Pa。

在恒速期的干燥推动力是食品表面的水分蒸气压（p_{ws}）和干燥空气的水分蒸气压（p_{wa}）两者之差。在这一时期，影响干燥速率的其他因素有空气流速、温度、相对湿度、初始水分含量和食品与干燥空气接触的表面积。描述水分如何跑向表面的对流质量传递系数 K_g 主要是受干燥空气条件的影响。

水分子从产品表面释放到干燥空气中所需的能量来自热量传递。然而，在干燥的恒速期，热量传入产品的速率刚好与蒸发水量所需要的热量相平衡。在最简单的情况下，干燥的全部热量来自吹向食品的干燥空气和食品表面之间的对流热量传递。但是，有时在某些干燥室的顶部表面可以有辐射热量传递，或甚至有引起食品内部热量传递的微波辐射。如果食品放在一个固体盘中，除食品表面接触干燥空气流外，还有通过对流和传导两种方式使热量传递到食品底部的情况。因此，实际干燥体系也许涉及复杂的热量传递，使干燥分析十分困难。

在只存在对流热量传递这种最简单的情况时，在恒速期所有的热能都能用于汽化水分。也就是说，热量传递到食品的速率与水汽化的能量消耗速率相平衡。已知干燥速率和汽化潜热，就能够求出水汽化消耗热量的速率。也就是说，对于表面（液与汽）每汽化一个水分子，就需要一定量与汽化潜热相当的能量。在这些条件下，它们的关系见式（3-12）：

$$\left(-m_s\frac{\mathrm{d}M}{\mathrm{d}t}\right)(\Delta H_v)=hA(\theta_a-\theta_s) \tag{3-12}$$

式中　ΔH_v——汽化潜热，kJ/kg；

　　　　h——对流换热系数，W/(m^2·℃)；

　　　　θ_a 和 θ_s——空气温度和表面温度，℃；

　　　　A——换热面积，m^2。

在恒速期，传递到食品的所有热量都进入汽化的水分中。因此，温度保持在某一恒定值，该值取决于热量传递机制。如果干燥仅以对流方式进行，可以看到食品表面的温度稳定为干燥空气的湿球温度，也就是说，表面温度稳定在空气完全被水分所饱和的这一点上。然而，如果其他热量传递机制（辐射、微波、传导）提供一部分热量给食品，那么表面温度不再是湿球温度，而是稍微高些（但仍然为恒定值），有时称为假湿球温度。

只要水分从食品内部迁移到表面的速率足够快，表面水分含量为恒定时，恒速干燥期就会持续。当水分从内部迁移比表面蒸发慢时，恒速期就停止。此时食品的水分含量表示为 M_c。此时公式（2-11）不再适用。然而，在恒速期的干燥时间可通过该公式从初始水分含量（M_i）到临界水分含量（M_c）积分而得到。通过重新排列方程式（3-12）采用分离变量的方式来解答这个简单的线性微分方程，就能够求出恒速干燥的时间 t_{CRP}：

$$t_{CRP}=\frac{\Delta H_v m_s(M_i-M_c)}{hA(\theta_a-\theta_s)} \tag{3-13}$$

注意该方程式只有在对流热传递时才适用。当应用其他热传递机制时，这个方程式需修正以解释这些作用。

恒速阶段的长短取决于干制过程中食品内部水分迁移（决定于它的导湿性）与食品表面水分蒸发或外部水分扩散速度的大小。若内部水分转移速度大于表面水分扩散速度，则恒速阶段可以延长；否则，就不存在恒速干燥阶段。例如水分为 75%～90% 的苹果干制时需经历恒速和降速干燥阶段，而水分为 9% 的花生米干制时仅经历降速干燥阶段。

（2）降速期（falling rate period，FRP）

在干燥后期，一旦达到临界水分含量 M_c，水分从表面跑向干燥空气中的速率就会快于水分补充到表面的速率。在降速期，食品中水分含量分布取决于干燥条件，在块状食品的中央水分含量最高，在表面为最低。

在这样的条件下，内部质量传递机制影响了干燥快慢。在食品中水分迁移有几种方式，在某一给定的干燥条件下，可存在一种或多种干燥机制。

① 液体扩散

一旦表面的湿含量减少到低于食品的湿含量时，水分迁移到表面的推动力是扩散，扩散的速率取决于食品的性质、温度和表面与体相之间的浓度差。

② 蒸气扩散

有时在产品表面之下存在汽化作用（特别在长时间干燥时），此时水分子以蒸汽形式通过食品扩散到干燥空气中。蒸气扩散是因为蒸气压差，干燥空气的蒸气压决定扩散速率。

③ 毛细管流动

表面张力也能影响食品结构中水分迁移，特别是对于多孔状的食品。根据多孔食品基质的性质和定向，毛细管流动可通过其他机制增加或阻止水分迁移。

④ 压力流动

干燥空气和食品内部结构之间的压力差会引起水分迁移。

⑤ 热力流动

食品表面和食品内部之间的温度差会阻止水分迁移到表面，这方面在干燥后期尤其重要。

在干燥过程中，可应用一个或多个机制，每种机制的相关作用在干燥过程中可以变化。例如，在降速期的早期，液体扩散是内部质量传递的控制机制，而在干燥后期，由热力流动和蒸气扩散共同控制干燥。因此，在降速期要预测干燥速率常常是困难的。

一个普通的方法是用有效扩散率 D_{eff} 经验性地描述降速期的干燥，它是所有内部质量传递机制的综合。通常 D_{eff} 的测定是通过测量实际干燥速率的数据，将这些数据代入到非稳态扩散方程中，计算出有效的扩散速率。对于一种蒸发薄膜在一面的干燥，非稳态扩散方程式可写作：

$$\frac{\partial M}{\partial t} = D_{eff} \frac{\partial^2 M}{\partial M^2} \tag{3-14}$$

式中，M 为干燥膜的厚度尺寸，mm。

预测降速期的干燥时间是极其困难的，有几个原因：第一，如上述讨论，食品内水分的有效扩散率会随着质量传递机制的变化而改变；第二，一般来说，在降速期时，食品的温度逐渐增加，这会改变扩散速率以及会改变其他内部质量传递机制；第三，许多食品在失去水分时会收缩，这种体积缩小会影响质量传递机制；第四，在降速期由于温度升高，食品在干燥中易发生物理和化学反应，例如，表层会形成硬壳，从而大大抑制水分迁移。

通常存在两个降速期，在第一个降速期中。随着越来越多的水分跑到干燥空气中，湿表面区逐渐减少，内部水分迁移跟不上表面干燥，在这个时期内，表面温度缓慢增加，因为仍发生一些蒸发冷却。当表面一旦干燥，二级降速期就开始。这里食品内发生汽化的蒸发面或区域缓慢移向食品的内部。在这样的条件下，蒸发冷却发生很少而表面温度增加很快，最后，表面温度接近干燥空气的温度，图3-9表明在不同干燥阶段中食品表面和内部温度两者是如何随时间变化的。一旦食品中水分含量与干燥空气达到平衡（这可通过解吸等温线来测定），则干燥不再发生。然而，干燥在食品达到平衡前停止，那么在干燥过程中存在的湿度梯度就会逐渐平衡，直到整块食品达到相同的平均水分含量。

以导湿性和导湿温性表述食品干燥过程特征见表3-2。

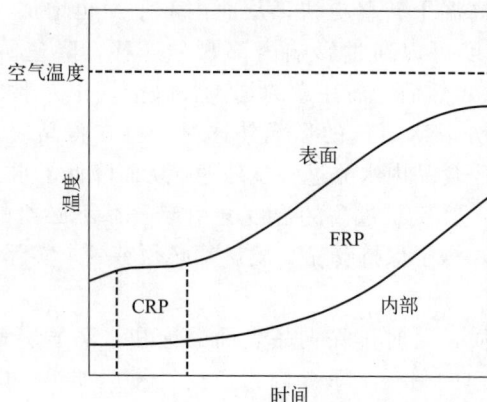

图 3-9　食品表面和内部温度的变化

表 3-2　导湿性和导湿温性表述的干燥过程特征

干燥阶段	曲线特征	作用
预热阶段	干燥速率上升,温度上升,水分略有下降	导湿性引起水分由内向外;导湿温性相反,但随着内外温差的减小,其作用减弱
恒速干燥阶段	干燥速率不变,温度不变,水分下降	导湿性引起水分由内向外;导湿温性由于内外几乎没有温差,因此不起作用
降速干燥阶段	干燥速率下降,表面温度上升,水分下降变慢	低水分含量时,导湿性减小;导湿温性减小

　　干燥曲线的特征因水分和物料结合形式、水分扩散历程、物料结构和形状大小而异。物料内部水分转移机制、水分蒸发的推动力以及水分从物料表面经边界层向周围介质扩散的机制都将对物料干制过程的特性产生影响。此外,食品干燥是把水分蒸发简单地限定在物料表面进行,事实上水分蒸发也会在它内部某些部分甚至于全面进行,因而,其情况比所讨论的要复杂得多。

3.3　影响干制的因素

　　有许多因素影响干燥速率,这些因素与两个方面相关,一是在干燥过程中的加工条件,由干燥机类型和操作条件决定;二是与置于干燥机中的食品性质有关。加速湿热传递的速率,提高干燥速率是干燥的主要目标。

3.3.1　干制条件的影响

（1）温度

　　食品干燥时,提高空气温度,干燥加快。由于温度提高,传热介质与食品间温差加大,热量向食品传递的速率越大,水分蒸发扩散速率也越大,从而使恒速干燥阶段的干燥速率增加。对于一定相对湿度的空气,随着温度提高,空气相对饱和湿度下降,这会使水分从食品表面扩散去除的动力更大。另外,温度越高,内部水分扩散速率就越快，也就是说水分在高温下转移更快，从而内部干燥也增加，这对于降速阶段也同样有效。因此，提高温度可以通过影响内部水分迁移（降速阶段）和外部水分扩散（恒速阶段）使干燥加快。然而，需注意的是：若以空气作为干燥介质，温度的作用是有限的。因为食品内水分以水蒸气的形式外逸时，将在食品表面形成饱和水蒸气层，若不及时排除掉，将阻碍食品内水分进一步外逸，从而降低了水分的蒸发速度，故温度的影响也将因此而下降。其次，过高的温度会引起食品不必要的化学和物理反应，故干燥的温度不可能太高，为了保持食品高质量都必须有一个实际控制的干燥温度。

（2）空气流速

若以空气为加热介质，及时排除食品表面的饱和水蒸气层是很重要的，因此空气流速就成为影响干燥速率的另一个重要因素。空气流速加快，由边界层理论可知，流速越大，气膜越薄，越有利于增加干燥速率。这不仅是因为热空气所能容纳的水蒸气量将高于冷空气而吸收较多的蒸发水分，而且还能及时将聚集在食品表面附近的饱和湿空气带走，以免阻止食品内水分的进一步蒸发。同时还因为与食品表面接触的空气量增加，对流质量传递速度提高，而显著地加速食品中水分的蒸发。因此，空气流速越快，食品干燥也越迅速，会使干燥恒速期缩短。然而，由于降速期的干燥通常不受外部条件限制，故增加空气流速一般对降速期没有什么影响。

（3）空气相对湿度

脱水干制时，如果用空气作为干燥介质，空气相对湿度越低，食品干燥速率也越快。因为食品表面和干燥空气之间的水分蒸气压差是影响外部质量传递的推动力，对于一种给定食品（已知表面蒸气压或水分活度），空气相对湿度增加会降低推动力，近于饱和的湿空气进一步吸收蒸发水分的能力远比干燥空气差，饱和湿空气不能再进一步吸收来自食品的蒸发水分。相反，降低空气相对湿度会加快干燥恒速期的干燥速率。然而，相对湿度一般对由内部质量传递控制的降速期干燥速率没有影响。注意空气的相对湿度也决定最终平衡水分，这可通过干燥的解吸等温线来预测。当空气和食品一旦达到平衡，干燥就不再发生。

脱水干制时，食品水分下降的程度也是由空气湿度所决定的。干燥的食品极易吸水。食品的水分始终要和周围空气的湿度处于平衡状态。食品水分不同，其表面附近蒸气压随之而异。食品的水分低，则其蒸气压相应下降。脱水干制后，低水分食品表面的蒸气压也随之下降。此时，如果物料表面与其水分相应的蒸气压低于空气的蒸气压，则空气中水蒸气不断向物料表面附近扩散，而物料则从它的表面附近空气中吸收水蒸气而增加其水分，直至表面附近蒸气压和空气蒸气压相互平衡，物料也不再吸收水分。因蒸气压随温度而异，故在不同温度时各种食品水分有它自己相应的平衡相对湿度。因此，平衡相对湿度就是在一定温度下食品既不从空气中吸取水分，也不向空气中蒸发水分时的空气湿度。如低于平衡相对湿度则食品将进一步干燥，反之，则食品不再干燥，却会从空气中吸取水分。和平衡相对湿度相应的食品水分则称为平衡水分。干制时最有效的空气温度和相对湿度可以从各种食品的吸湿等温线上选择。

（4）大气压力和真空度

气压影响水的平衡关系，进而影响干燥。当在真空下干燥时，空气的气压减少，水的沸点也就相应下降，气压愈低，沸点也愈低，如仍用和大气压力下干燥时相同的加热温度，则将加速食品水分的蒸发，使恒速期的干燥发生更快；然而，当干燥受内部质量传递控制时，真空操作对干燥速率影响不大。或者说，在真空室内加热干制时，可以在较低的温度条件下进行，适合热敏物料的干燥。此外，真空干燥还能使干制品具有疏松的结构。

操作条件对干燥速率的影响总结见表 3-3。

表 3-3　操作条件对干燥速率的影响

条件	恒速干燥阶段	降速干燥阶段
温度上升	干燥速率增加	干燥速率增加
空气流速上升	干燥速率增加	无变化
相对湿度下降	干燥速率增加	无变化
真空度上升	干燥速率增加	无变化

3.3.2　食品性质的影响

（1）表面积

水分子在食品内必须行走的距离决定了食品干燥速度的快慢，当食品被切成具有更高表面积的小片状时，水分子必须行走到达表面的距离变短。表面积增大，有利于干燥。同时，食品被切割成薄片或小块后大大减少了食品的粒径或厚度，缩短了热量向食品中心传递的距离，增大了加热介质与食品接触的表面积，为水分的蒸发扩散提供了更大空间，从而加速了水分的蒸发和食品的脱水干制。食品表面积越大、料层厚度越薄，干燥效果越好，这几乎适用于所有类型的食品干燥。

（2）组分定向

食品微结构的定向影响水分从食品内转移的速率。水分从食品内不同方向进行转移，干燥速率差别较大，这取决于食品组分的定向。例如在芹菜的纤维结构中，水分沿着长度方向比横穿细胞结构的方向干燥要快得多；在肉类蛋白质纤维结构中，也存在类似行为。

（3）细胞结构

在大多数食品中，细胞内含有部分水，而剩余水在细胞外，细胞结构间的水分比细胞内的水更容易除去。因为细胞内的水穿过细胞边界有一个额外的阻力，当细胞结构破碎时，有利于干燥。天然动植物组织是具有细胞结构的活性组织，在其细胞间、细胞内均维系着一定的水分，具有一定的膨胀压，以保持其组织的饱满与新鲜状态，当动植物死亡，其细胞膜对水分的可透性加强，尤其是受热（如烫漂或烹调）时，细胞蛋白质失去对水分的保护作用，因此，经热处理的果蔬、肉、鱼类的干燥速率要比其新鲜状态时快得多。但细胞破碎会引起干制品的可接受性下降，如会发生复水后软塌等现象，使干制品质量变差。

（4）溶质的类型和浓度

食品组成决定了干燥时水分子的流动性，特别是在低水分含量的时候，食品中的溶质如糖、淀粉、盐、蛋白质与水相互作用，会抑制水分子的流动性。在高浓度溶质（低水分含量）时，溶质会影响水分活度和食品的黏度。食品中增加黏度和减少水分活度的溶质如糖、淀粉、蛋白质和胶，典型地降低水分转移速率，从而降低干燥速率。溶质的存在提高了水的沸点，影响了水分的汽化，另外像糖等溶质浓度高时容易在外层形成硬壳而阻碍水分的汽化。因此溶质浓度愈高，维持水分的能力愈大，相同条件下干燥速率下降。

总之，影响干燥速率的因素很多。对于对流干燥，除了与干燥介质的状态（如温度、流速、水分的蒸气压、扩散系数等）和物料的性质与形状（如物理结构、化学组成、形状大小、料层厚薄及水分活度）有关外，还和介质与物料的接触情况有关，主要是指介质的流动方向，当流动方向垂直于物料表面时，干燥速率最快。

因为影响干燥的因素很多，所以只能通过实验来研究干燥动力学。根据实验时条件的不同，干燥动力学可分为恒定干燥和变动干燥两种情况。恒定干燥指干燥过程中热空气的温度、湿度以及它与物料的接触情况和相对流速均保持不变，或在真空干燥时保持传热条件和真空度恒定，否则就称为变动干燥。

【复习思考题】

1.描述食品干燥过程中水分存在的形式，并解释它们对干燥速率的影响。

2.讨论在食品干燥过程中，导湿性和导湿温性如何共同作用，并说明它们对干燥效率的影响。

3.解释在恒速干燥阶段和降速干燥阶段，食品干燥速率的变化及其原因。

4.讨论干燥条件（如温度、空气流速、相对湿度）如何影响食品干燥的速率和质量。

5.考虑到食品性质对干燥过程的影响，提出可能的策略来优化干燥过程。

第4章 干燥过程的能量分析

4.1 干燥的能耗及节能的意义

4.1.1 工业领域中的干燥能耗

干燥是化工、食品、冶金、建材、环保等工业领域中不可或缺的工艺过程。其能耗在整个国民经济总能耗中占比巨大；根据英国能源与气候变化部的一项统计显示，该占比具体的数据在 12%～15% 之间；我国的统计数据与此接近，为 12% 左右。2023 年我国国内生产总值逾 129 万亿元，比上年增长 7.4%。2023 年能源消费总量 57.2 亿吨标准煤，比上年增长 5.7%。长期以来，工业界都在努力降低干燥过程的能耗，但如何以低能耗和低成本获得优质的脱水干燥产品，始终是食品工业发展中亟待研究和解决的关键问题。

4.1.2 降低干燥能耗的意义

干燥过程能耗巨大源于一个基本的前提——必须提供足够的热量（或能量），为物料中所有需要去除的湿分转化为蒸汽提供相变潜热。一个过去经常被忽视的经济观点是，能源是一种直接成本，因此节省 1000 元的能源成本可视为产生 1000 元的额外利润；相比之下，增加 1000 元的销售额则会被相应的生产成本增加所稀释，包括原材料、物流，当然还包括对应的能源本身。提高干燥系统的能源利用效率，除了节能本身所产生的巨大经济效益之外，还可以大幅度降低干燥过程产生的环境污染。如果按照行业内的数据统计，在减少 1 亿吨标准煤的能源消耗的过程中，可以有效降低 CO_2 和 SO_2 排放近 0.69 亿吨。

干燥节能的意义是不言而喻的。但对干燥系统、干燥设备和干燥过程的能量分析却长期严重滞后，相关从业者缺乏有针对性的节能培训。本章将从热风干燥设备着手，循序渐进地明确干燥过程能量分析和能效改进的要点和步骤。

4.2 干燥设备的能耗分析

4.2.1 干燥物料所需的最小能量

蒸发负荷的计算是干燥过程中一个非常重要的环节，它关乎整个干燥过程的能耗和效果。本节将详细讲解如何计算蒸发负荷，主要包括干燥所需最小能量和蒸发潜热值的计算。

本节内容适用于干燥过程的常见定义，即液体通过蒸发从固体中去除。这不包括机械脱水过程，如过滤和离心。为了实现干燥，必须提供蒸发的潜热，将水分变成蒸汽。因此，干燥过程中必须提供的绝对最小热量或其他能量 $E_{v,min}$（kJ/s）为：

$$E_{v,min} = M_v \Delta H_v \tag{4-1}$$

式中　M_v——水分的质量流量，kg/s；

ΔH_v——蒸发潜热，以焓值表示，kJ/kg。

表述干燥所需最小能量时使用相应的供热速率 $Q_{v,min}$（kJ/s 或 kW）通常更为方便。在连续干燥过程中，湿物料在干燥设备内持续暴露在热风中，从而逐渐失去水分并干燥。这个过程中需要提供一定数量的热量以实现蒸发和脱水干燥。在连续干燥过程中，供热速率（$Q_{v,min}$）可以用式（4-2）计算：

$$Q_{v,min} = M_v \Delta H_v = M_s(X_{in} - X_{out}) \Delta H_v \tag{4-2}$$

式中　M_v——单位时间内物料在干燥设备内的湿分蒸发量，kg/s 或者 kg/h；

M_s——单位时间内通过干燥设备的物料的质量流量，kg/s 或者 kg/h；

X_{in} 和 X_{out}——物料的初始含水率和最终含水率，%。

以上公式表明为了使湿物料达到工艺所需的干燥程度，必须提供的最小热量。该公式中湿物料的质量流量和湿物料含水率的变化是根据物料的特性和干燥需求来确定的。通常情况下，需要根据实验结果或经验数据来确定这些参数的值。此外，传热传质有效系数和设备能效等因素也在考虑范围之内，以确保干燥过程的能量利用效率和经济性。

粮食等食品物料的干燥往往采用批处理方式，以实现大量物料的快速、均匀干燥。干燥过程中的批处理是在一个特定的时间段内处理一定量的固体物料，即将固体物料放入干燥设备中，在一定的时间内完成干燥过程，然后将干燥后的物料取出。在批处理过程中，干燥设备通常是一个密闭的容器，可以是烘箱、旋转干燥机等。干燥过程的最小能量需求可以通过式（4-3）计算：

$$Q_{v,min} = M_s \left(\frac{-dx}{dt} \right) \Delta H_v \tag{4-3}$$

式中　$Q_{v,min}$——干燥过程所需的最小能量需求，kJ/s 或者 kJ/h；

M_s——单位时间内通过干燥设备的物料质量流量，kg/s 或者 kg/h；

x——物料的含水率，%；

ΔH_v——蒸发潜热，kJ/kg；

t——时间，s 或 h。

根据上述公式，可以通过确定批处理物料的质量、水分输入和输出含量以及水分的蒸发潜热，计算出所需的最小供热速率。

4.2.2　连续式对流干燥装置的热平衡

常见的连续式对流干燥设备有：多层带式干燥机、盘式连续干燥机、流化床干燥机等。连续式对流干燥是指物料在进料口进入干燥机之后，经过连续的对流加热和物料流动，最后从出料口排出的干燥过程。其中，对流加热是通过热空气或热气体对物料进行加热和干燥。在连续式对流干燥装置中，热平衡是指系统内部的热流和热损失之间达到平衡状态。

对于连续对流（热空气）干燥机，空气加热器的加热负荷 Q_{heater}（不包括加热器损耗）根据式（4-4）计算：

$$Q_{\text{heater}} = M_g c_{\text{pg}} (T_{g,\text{in}} - T_{g,\text{a}}) \tag{4-4}$$

式中　M_g——单位时间内通过空气加热器的空气的质量流量，kg/s；

　　　c_{pg}——空气的定压比热容，J/(kg·℃)；

　$T_{g,\text{in}}$——空气在干燥室入口处的温度，℃；

　$T_{g,\text{a}}$——空气的环境温度，℃。

前述的干燥物料所需的蒸发潜热只是一个最基本的基础值。在干燥设备中，能量以辐射、对流、传导等方式传递到固体物料中，实际能耗必然大于蒸发潜热值。我们可以列出连续式干燥机的热平衡方程式，即，热量输入输出净值等于热空气蒸发负荷＋合理加热固体＋热损失。

$$M_g c_{\text{pg}} (T_{g,\text{in}} - T_{g,\text{out}}) \approx M_s (X_{\text{in}} - X_{\text{out}}) \Delta H_v + M_s c_{\text{ps}} (T_{g,\text{out}} - T_{g,\text{in}}) + Q_{\text{loss}} \tag{4-5}$$

式中　M_g——单位时间内通过空气加热器的空气的质量流量，kg/s；

　c_{pg} 和 c_{ps}——空气和物料的定压比热容，J/(kg·℃)；

$T_{g,\text{in}}$ 和 $T_{g,\text{out}}$——空气在干燥室入口处和出口处的温度，℃；

　　　M_s——单位时间内通过干燥设备的物料的质量流量，kg/s；

X_{in} 和 X_{out}——分别是物料的初始含水率和最终含水率，%；

　　ΔH_v——水的蒸发潜热，kJ/kg；

　Q_{loss}——在干燥过程中由于各种原因（如热传导、热辐射等）导致的热损失，J/s。

这里的 $T_{g,\text{in}}$ 是干燥机的入口空气温度，$T_{g,\text{out}}$ 是干燥机的出口空气温度，$T_{g,\text{a}}$ 是空气的环境温度，Q_{loss} 是干燥器外壳的热损失。

进一步转化为式（4-6）：

$$Q_{\text{heater}} = \frac{(T_{g,\text{in}} - T_{g,\text{a}})}{(T_{g,\text{in}} - T_{g,\text{out}})} [M_s (X_{\text{in}} - X_{\text{out}}) \Delta H_v + Q_{s,\text{sens}} + Q_{\text{loss}}] \tag{4-6}$$

与基本蒸发负荷相比，这里计入了乏气中携带的热损失、加热固态食品物料对应的热量 $Q_{s,\text{sens}}$，以及通过干燥器外壳的热损失 Q_{loss}。

例题 1：某一连续热风干燥装置，物料的传送速度为 1kg/s，物料初始水分含量为 12%，最终水分含量为 2%，（干燥装置）入口热风温度为 150℃，该热风为自环境温度 20℃加热而来，环境空气湿度为 7.5g/kg（0.0075kg/kg），对应露点温度为 10℃，求最小加热负荷、空气加热器能耗、热风流量。

解： 在连续热风干燥装置中，物料和湿空气进行热质交换，物料中的水分转移到干燥介质——空气中，热量的传递路线则相反。湿空气的状态随着干燥进程不断发生变化，本题用 Mollier 图（焓湿图，h-d chart）求解（图 4-1），该图提供了一种方便快速的方法，能够得出焓值等各个状态点的状态参数。

焓湿图中 1-2 过程线对应的是空气进入干燥室前的加热过程，对应的设备为空气加热器。根据已知条件，由式（4-1），得最小加热负荷为：

$$E_{v,min} = M_v \Delta H_v = 2400 \times (0.12 - 0.02) = 240 (kW) \tag{4-7}$$

点 1 为环境空气状态点，点 2 为空气加热器出口（即干燥室入口）湿空气状态点。查取焓湿图上的状态参数，点 1 对应的焓值为 40kJ/kg，点 2 为 170kJ/kg，不计热损失，空气加热器负荷为 130kJ/kg。

泄漏忽略不计，湿分满足质量平衡式，

$$M_g(Y_{out} - Y_{in}) = M_v = M_s(X_{in} - X_{out}) \tag{4-8}$$

可得出热风流量：$M_g = \dfrac{0.12 - 0.02}{(Y_{out} - 0.0075)}$。

式中，Y_{out} 为加热器出口处空气的绝对湿度，kg/kg（以干气计）。

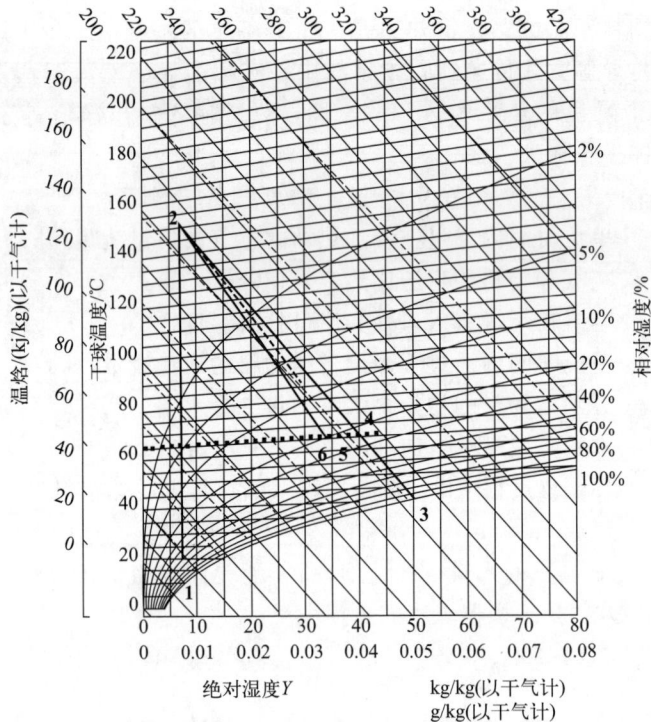

图 4-1　各种工况下间接式热风干燥的热力过程

4.2.3　传导式干燥装置的热平衡

传导式干燥装置（conduction drier）也叫接触式干燥装置，包括螺旋输送干燥器、滚筒干燥器、真空耙式干燥器、冷冻干燥器等。在传导式干燥装置中，热量通过器壁

（通常是金属壁），以热传导方式传给湿物料，物料的表面温度可以从低于冰点（冷冻干燥时）到 330℃。

按照操作条件，传导式干燥可分为常压干燥和真空干燥。与常压热风干燥相比，常压接触干燥采用接触剂（介质）由接触传导来间接加热，而前者采用热空气由对流来直接加热。

常压接触干燥中，空气仅起带走水蒸气的作用，而非传递热量的媒介。但仍然需要风机建立分压力差以带走物料中的湿分，否则周围环境的湿分将趋于饱和，导致干燥速率逐步趋近为零。

真空接触干燥装置由三部分组成——干燥室、冷凝器和真空泵（有时采用以蒸汽为动力的引射泵）。由于真空泵的抽气作用，干燥室内主要是低压的水蒸气，空气量很少。在真空干燥后期，随着物料水分含量趋近于平衡水分含量，物料温度可超过气相总压下水的饱和温度，并趋近于加热面的温度。

传导式干燥装置的热量需求可用式（4-9）计算：

$$Q_{\text{heater}} = [M_s(X_{\text{in}} - X_{\text{out}})\Delta H_v + Q_{s,\text{sens}} + Q_{\text{loss}}] \tag{4-9}$$

该计算考虑了物料的升温及通过干燥设备外壳的热损失。

4.2.4　干燥装置的能量供给

以上的能耗分析都是针对干燥作业本身，而另一方面，针对能量供给端的能耗分析也是一个十分关键的环节。如前所述，干燥作业多采用电力或者热能。应根据干燥目的、干燥物料的特性、干燥过程中蒸发物的性质、干燥方式及经济性考虑，选择合适的能源类型乃至具体的燃料。比如天然气和燃油为清洁能源，对环境友好但价格较高，一般不作为首选，仅在某些特殊情况，如需要高温干燥介质时采用。固体燃料如煤燃烧后得到的烟气洁净度较差，通常只能作为间接热源用于加热空气，再将热空气作为干燥介质。常用的加热设备有热风炉和烟气空气换热器；亦可采用燃煤蒸汽锅炉，利用锅炉蒸汽加热空气。

人们在进行干燥系统的能耗分析时往往把重点放在干燥设备本身，而对能量供给端重视不够，而热源设备的产热效率、载热介质的泄漏、输送环节的热损失都属于干燥设备能量的源头，应当系统性地纳入整个干燥过程的能耗评估和能效分析。

4.3　干燥设备能效评估及应对措施

干燥是一个高耗能的工业过程，其主要原因在于需要提供蒸发潜热以去除水或其他溶剂。干燥过程中的实际能耗必然大于 4.2 节中计算出的最小能量，为了提高干燥设备的能效比，更好地优化干燥过程，有必要对干燥过程中的能量损失进行评估并采取相应的措施。

4.3.1　干燥过程中的能量损失

根据传热方式的不同，干燥过程中的能量损失来自以下几种方式。

① 对流损失：在连续式对流干燥装置中，物料通过与加热介质（如热空气）的对流来进行干燥。对流损失包括两个方面：一是通过干燥界面之间的对流传热，因物料和加热介质之间的热量传递速度不同，会导致能量损失；二是对流过程中的湍流和运动阻力等因素，会导致能量损失，评估对流损失需要考虑传热面积、流速、传热系数等因素。

② 传导损失：在传导式对流干燥装置中，物料与加热介质（如加热板）直接接触，通过传导传热。传导损失是指在这个过程中由于物料与加热介质间的温度差而导致的能量损失。评估传导损失需要考虑传热的接触面积、物料与加热介质的热阻抗、传热系数等因素。

③ 辐射损失：干燥过程中，物料会发出辐射能量并向四周传递，导致辐射损失。辐射损失的大小取决于物料的温度和表面特性，如辐射率、表面几何形状等，评估辐射损失需要考虑这些因素。

④ 散热损失：干燥装置在运行过程中会有部分热能通过传导、对流和辐射等方式散热到周围环境中。散热损失的大小取决于装置的隔热性能、传热表面的温度和环境温度等因素。

评估干燥过程中的能量损失可以通过理论分析、数值模拟和实际测试等方法来进行。通过定量评估能量损失，可以发现并改进能量损失较大的环节，从而提高干燥设备的能效性能，并降低能源消耗和运行成本。

4.3.2　干燥设备的能效提升

4.3.2.1　排风余热利用

在干燥装置的末端，乏气中含有相当比例的可利用热能，但通常被直接排放到周围环境中，既造成能量的浪费，又加重周围环境的热负荷。可以采取热回收措施，将乏气中的热能回收利用。比如在烘干设备的排气管道端安装热交换器，让乏气与新鲜空气进行热交换，再将经过预热的新鲜空气用于干燥。4.4 节将对此进行详细讲述。

此外，还可将乏气中的余热用于厂区的其他工艺用热或生活热水。通过余热利用，可以最大程度地回收热量，减少一次能源消耗。

4.3.2.2　改善固态物料的受热

固体物料的加热也会影响干燥设备的热效率。如果固体物料的加热不均匀或加热过量，会导致能量的无谓消耗。可通过以下措施改善固体物料加热的均匀性，减少能量的无谓损失。

选择适当的加热方式，如电加热、蒸汽加热、气体加热等，并合理布置加热器；通过调整加热器内部的气体或液体流动方式，使之与固体干燥物料接触更加充分，并使热量能够均匀地传递给物料；采用多层加热器、多段温度控制等手段来实现；优化物料的流动性、切割或粉碎等方式。

4.3.2.3　减少干燥装置壳体的热损失

干燥装置壳体的热量损失也会降低热效率。在干燥设备的运转过程中，热量可能通过外表面辐射及对流或以传导方式通过底座等部分散发到周围环境中。要提高热效率，可以在干燥设备的结构设计中考虑隔热措施，减少热量损失。

使用高效的隔热材料：选择具有良好隔热性能的材料，如岩棉、玻璃纤维棉等，对烘干机壳体进行隔热设计，以减少热量泄漏和能量损失。

加强密封性设计：设计合理的密封结构，避免热量散失。通过优化门、窗、接口等部位的密封设计，可以减少能量损失，提高隔热效果。

通过上述措施的综合利用可以有效提高干燥设备的热效率和能源利用率。

4.3.3　干燥设备热效率分析实例

以例题 1 为例，计算各种典型工况下的加热负荷等关键指标，并对干燥设备的能效进行评估。

（1）绝热饱和

理想状态下乏气可以达到的最低理论温度为绝热饱和温度 T_{as}。对于温度 150℃、湿度 7.5 g/kg 的入口空气，对应的 T_{as} 为 40℃（图 4-1 点 3，自干燥室入口状态点 2 作等焓线而得）。由例题 1，空气加热负荷为 130kJ/kg（对应过程为点 1～3），其中不超过 110kJ/kg 用于蒸发物料中的水分，也就是说排风焓值中 40kJ/kg 是以显热形式存在。干燥室出口处湿度为 50.5g/kg，即 43g/kg 水分被蒸发，对应的热量输入为 103kJ/kg（0.043×2400）。

干燥器效率 η 为用于蒸发水分的潜热值除以实际的空气加热负荷，即：

$$\eta = \frac{103}{130} \approx 80\% \qquad (4\text{-}10)$$

该效率将随热风温度而变化，热风温度的降低将导致干燥器效率的下降。

干燥器的效率也可用另外一种方法计算，由式（4-9），热风流量 $W_g=（0.1/0.0043）=2.33$（kg/s）；并由式（4-5），$Q_{heater}=2.33×1.007×（150-20）=302.3$（kW），因此 $\eta=240/302.3=79.4\%$。

（2）排风温度高于露点

以上接近 80％的效率为理想状态下达成，前提为排风与物料达到完全的热湿交换，乏气温度达到露点温度。而在实际工程应用中，热湿交换程度越高，装置体积就越大，单纯追求热湿交换必然会带来成本的过快提升；而为了避免因结露造成后期设备锈蚀，实际的排风温度往往高于露点温度。

现实际排风温度为 65℃，对应图 4-1 上的点 4。该状态点焓值为 65kJ/kg，湿度为 40.5g/kg。该工况下湿分的蒸发潜热值为：33/1000×2400 或 79kJ/kg。干燥机效率相应减低至大约 60％。

为了弥补干燥器效率的降低，热风流量 M_g 须升至 3.03kg/s，空气加热器负荷相应提高至 394kW，这意味着风机及管路规格、加热器功率都将相应增大。

（3）物料的加热

假定物料在环境温度（20℃）下进入干燥室，并在干燥过程的降速阶段被加热到 50℃以去除其中的结合水，则加热所需的显热值为 $W_s c_{ps} \Delta T=1×1×30=30$（kW）［物料比热容设定为 1kJ/(kg·℃)］。总耗热量 Q_v 相应升至 270kW。此工况下干燥器出口对应的空气状态点为图 4-1 中点 5，对应排风湿度 37g/kg，对应湿分蒸发潜热值降至 70kJ/kg，干燥器效率进一步降至 54%。

为了弥补干燥器效率的进一步降低，热风流量 M_g 继续提升至 3.39kg/s，空气加热器负荷相应提高至 441kW，系统复杂程度和能耗都将进一步增加。

（4）干燥设备壳体的热损失

此类热失通常占比为 5%～10%，一旦干燥设备隔热不良或表面积比较高，则热损更大。除了来自外表面的对流和辐射散热外，还必须考虑沿底座等处的传导散热。合计热损按 10% 计算，该工况下干燥器出口对应的空气状态点为图 4-1 中点 6，对应排风湿度 34g/kg，对应湿分蒸发潜热值降至 63kJ/kg，干燥器效率进一步降至 49%。

为了弥补干燥器效率的进一步降低，热风流量 M_g 继续提升至 3.77kg/s，空气加热器负荷相应提高至 491kW，系统复杂程度和能耗都进一步增加。

综上所述，实际的热风干燥装置，即使设计合理且运转正常，其效率也可能低于 50%。表 4-1 总结了热风干燥装置在不同工况下的出口空气状态参数、加热器空气流量、加热器负荷以及热效率。空气加热过程线和物料干燥过程线参见 4-1Mollier 图。

表 4-1 不同情况下的出口条件、气流和加热器负荷

工况	$T_{g,out}$/℃	Y_{out}/(g/kg)	ΔH_{latent}/(kJ/kg)	M_g/(kg/s)	Q_{heater}/kW	η/%
绝热饱和	40	0.0505	103.2	2.33	302	79.4
排风超过露点	65	0.0405	79.2	3.03	394	60.9
加热物料	65	0.037	70.8	3.39	441	54.5
计入散热损失	65	0.034	63.6	3.77	491	48.9

4.4　干燥设备的余热回收

余热资源属于二次能源，是一次能源或可燃物料转换后的产物，或是燃料燃烧过程中所发出的热量在完成某一工艺过程后所剩下的热量。干燥余热主要来自为干燥介质供能的前端锅炉（或直燃设备），以及干燥工艺过程产生的低温高湿乏气所携带的余热，前者为高温余热，后者则为低温余热。不同种类工业余热的温度范围、能量载体形式、所处环境、工艺流程、场地的固有条件、所服务生产生活需求、设备型式相差很大，需要根据余热资源在利用过程中能量的传递或转换的具体特点加以分析和选择。干燥余热目前多采用热转换技术，而热功转换技术和余热制冷技术应用较少。

4.4.1　热交换技术

余热回收应优先用于本系统设备或本工艺流程，降低一次能源消耗，尽量减少能量转换次数，因此生产中常常通过空气预热器、回热器等各种换热器回收余热加热助燃空气、物料等，提高炉窑性能和热效率，降低燃料消耗，减少烟气排放；或将高温烟气通过余热锅炉或汽化冷却器生成蒸汽热水，用于工艺流程。这一类技术设备对余热的利用不改变余热能量的形式，只是通过换热设备将余热能量直接传递给自身工艺的耗能流程，降低一次能源消耗，可统称为热交换技术，这是回收工业余热最直接、效率较高的经济方法，相对应的设备是各种换热器，既有传统的各种结构的换热器、热管换热器，也有余热蒸汽发生器（余热锅炉）等。工业用换热器按照换热原理可分为间壁式换热器、混合式换热器和蓄热式换热器。其中间壁式和蓄热式是工业余热回收的常用设备，混合式换热器是依靠冷热流体直接接触或混合来实现传递热量，在余热回收中并不常见。

4.4.4.1　间壁式换热器

间壁式换热器主要有管式、板式及同流换热器等几类，管式换热器虽然热效率较低，通常只有 $26\%\sim30\%$，紧凑性和金属耗材等方面也逊色于其他类型换热器，但它具有结构坚固、适用弹性大和材料范围广的特点，是工业余热回收中应用最广泛的热交换设备。

板式换热器有翅片板式、螺旋板式、板壳式换热器等，与管式换热器相比，其传热系数约为管壳式的 2 倍，传热效率高，结构紧凑，节省材料等。板式换热器可用来预热助燃空气，热回收率平均在 $28\%\sim35\%$，入口烟气温度 $700℃$ 左右，出口温度达 $360℃$。但由于板式换热器使用温度、压力比管式换热器的限制大，应用范围会受到限制。

板翅式空气热交换器是一种可实现热湿交换的热回收装置（图 4-2），它主要由多孔纤维性材料或铝箔制成的板翅组件构成。板翅的形状可以是三角形、矩形、平滑波纹形等。热交换器内部的空气流过板翅的表面，与板翅上的热量进行交换。多孔纤维性材料可以提高交换面积和热回收效率，而铝箔材料则具有良好的导热性能。通过板翅的结构设计和材料选择，可以实现热量的传递和回收，从而达到节能和提高空气质量的目的。

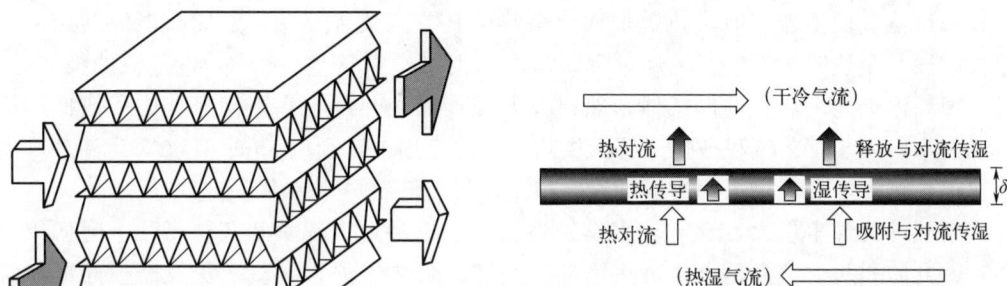

图 4-2　板翅式空气热交换器工作原理图

4.4.1.2　蓄热式热交换器

蓄热式热交换器是冷热流体交替流过蓄热元件进行热量交换，属于间歇操作的换热设备，适宜回收间歇排放的余热资源，多用于高温气体介质间的热交换，如加热空气或物料等。根据蓄热介质和热能储存形式的不同，蓄热式热交换系统可分为显热储能和相变潜热储能。显热储能热交换器在工业生产中应用已久，如回转式空气预热器，它以再生方式传递热量，烟气与空气交替流过受热面。由于显热储能热交换设备储能密度低、体积庞大、蓄热不能恒温等缺点，在余热回收中具有局限性。

相变潜热储能换热设备利用蓄热材料固有热容和相变潜热来储存及传递能量，具有高出显热储能设备至少一个数量级的储能密度，因此在储存相同热量的情况下，相变潜热储能换热设备比传统蓄热设备体积减小 30％～50％。此外，它热量输出稳定，换热介质温度基本恒定，可使换热系统运行状态稳定。相变储能材料根据其相变温度大致分为高温相变材料和中低温相变材料两种，前者相变温度高、相变潜热大，主要是由一些无机盐及其混合物、碱、金属及合金、氧化物等和陶瓷基体或金属基体复合制成，适合于 450～1100℃及以上的高温余热回收，应用较为广泛；后者主要是结晶水合物或有机物，适合用于低温余热回收。

4.4.1.3　热管换热器

热管是一种高效的导热元件，通过在全封闭真空管内工质的蒸发和凝结的相变过程和二次间壁换热来传递热量。热管导热性优良，传热系数比传统金属换热器高近一个量级，还具有等温性良好、温度可控、热量输送能力强、冷热两端传热面积可变、可远距离传热、无外加辅助动力设备等一系列优点。

热管换热器是将储热和换热装置合二为一的相变储能换热装置。热管工作温度范围分为低温（−200～＋50℃）、常温（50～250℃）、中温（250～600℃）及高温（＞600℃）4 种，需要根据不同的使用温度范围选定相应的管材和工质。其中碳钢-水重力热管因其结构简单、价格低廉、制造方便、易于推广的优点得到了广泛应用。用于工业余热回收的热管工作温度范围在 50～400℃之间，可用于干燥炉等设备的热回收，以及锅炉的空气预热器。

4.4.1.4　余热锅炉

采用蒸气发生器，即余热锅炉回收余热，其节能效果显著，是提高能源利用率的重要手段。余热锅炉不涉及燃烧过程，从本质上讲，它只是一个气-水/蒸汽的换热器，可利用高温烟气余热、可燃气体余热以及高温产品余热等，生产高压、中压或低压蒸汽或热水，用于工艺流程或进入管网供热。实际应用中，利用 350～1000℃高温烟气的余热锅炉居多，和燃煤锅炉的运行温度相比，属于低温炉，效率较低。

余热烟气含尘量大，含有较多腐蚀性物质，更易造成锅炉积灰、腐蚀、磨损等问题，因此防积灰、磨损是设计余热锅炉的关键。余热锅炉为解决积灰及磨损问题在结构上采用直通式炉型、大容积的空腔辐射冷却室，设置密封炉墙、除尘室、弹性振打清灰装置。另外由于受工艺生产场地空间限制，余热锅炉把换热部件分散安装在工艺流程各部位，而非像普通锅炉一样组装成一体。

近年来随着节能减排工作的推进，国内主要余热锅炉设计制造企业获得加速发展，余热锅炉为适应工业领域产能调整和增长，朝着大型化、高参数方向发展。此外，进一步提高锅炉传热效果、热利用率，减轻积灰、磨损等问题，在锅炉循环方式、受热面结构、锅炉内烟气流道及清灰方式等方面进行改造、革新是余热锅炉技术的进步。

4.4.2　热功转换技术

前述热交换技术仍以热能的形式回收余热资源，温度品位降低，是一种降级利用，不能有效满足工艺流程或厂区内外电力消耗的需求；此外，对于大量存在的中低温余热资源，若采用常规热交换技术回收，经济性差或者回收热量无法用于本工艺流程，效益不显著。因此，利用热功转换提高余热的品位是回收工业余热的又一重要举措。按照工质分类，热功转换可分为传统的以水为工质的低温汽轮机发电和采用低沸点工质的有机朗肯循环（organic Rankine cycle，ORC）。由于工质特性显著不同，相应的余热回收系统及设备组成也各具特点。

低温汽轮机发电系统利用的余热资源主要是高于 350℃ 的中高温烟气，单机功率在几兆瓦到几十兆瓦。有机朗肯循环采用有机工质（如 R123、R152a、异丁烷等）作为循环工质，由于有机工质在较低的温度下就能气化产生较高的压力，推动涡轮机做功，该系统可以在烟气温度 200℃ 左右、水温 80℃ 左右实现经济性发电。与常规的水蒸气朗肯循环相比，有机朗肯循环在回收中低焓值显热方面有较高的效率，可回收较多的热量。

4.5 夹点分析

夹点分析是一种过程优化技术，它是在计算热力学可行的能源目标（或最低能源消耗）的基础上，通过优化热回收系统、能源供应方式和工艺操作，达到降低能源消耗的目的。夹点技术可以实现过程系统的整体优化设计，包括冷热物流之间的最佳匹配、冷热公用工程的类型和能级选择、换热器等各种设备在换热网络中的合理配置；实现节能、投资和可操作性的三维权衡等。

本节将首先介绍夹点分析的基本概念，并介绍能量目标化，用组合曲线和总组合曲线表示能量目标和夹点，并展示如何将其作为核心来找到满足能量目标的换热网络。干燥系统中涉及物料和干燥介质的热质交换，夹点分析可以从整体上确定能量回收的最大潜力，实现蒸发系统（干燥装置）的能量目标。

4.5.1 夹点分析的关键概念

夹点分析是利用热力学原理，从宏观角度分析系统中能量流随温度变化的分布情况，并找出系统能量流的制约因素所在，提出解决方法的一种技术。夹点分析通过分析已知的各物流的压力、组成、质量流量、初始温度、目标温度，以及最小允许传热温差的选定，来确定换热过程中传热温差最小的位置，该处即为夹点。

4.5.1.1 物流和热交换

在夹点分析中，物流是指任何需要加热或冷却的但其组成通常保持不变的流动。比如在化学反应中，进料刚开始时是冷的，需要被加热，称为冷物流（简称冷流）；反应生产物刚开始时是热的，需要被降温，称为热物流（简称热流）。

为了实现加热和冷却，需要设置锅炉等加热设备生产蒸汽、设置制冷机组等冷却设备生产冷却水，这些设备都耗能巨大。要减少能量消耗，现实的做法是从热流回收部分能量，通过换热器加热冷流，蒸汽和冷却水用量可相应减少。

所有加热设备的要求都可以通过加热公用工程（例如蒸汽、热水、炉气）来满足；

同样的冷却需求可以通过冷公用设施（如冷却水、冷冻水或制冷）来满足。然而，热量可以在温度较高的热流和温度较低的冷流之间回收，所有的热交换都减少了冷热公用工程的使用，从而减少了燃料和电力的使用。夹点分析可以计算出最大的热交换量，实现严格的能源目标，从而实现冷热公用设施的最低使用水平。

4.5.1.2　温-焓图

温-焓图（temperature-enthalpy diagram，T-H）是一种表示物流热特性的图表工具，我们可以清楚地观察到物流在热过程中的传热方向和规律。对于需要被冷却的物流，热流线会沿着温度梯度从高温向低温的方向走，而需要被加热的物流则会沿着相反的方向，即从低温向高温走。其中，纵轴表示温度 T，横轴表示焓 H，这里的焓指的是物流的热容量（kW），不能与热力学术语比焓（kJ/kg）相混。当一股热物流由初始温度 t_1 降至目标温度 t_2 且没有发生相的变化，在该温度区间的平均热容为 c_p，则该物流由 t_1 降至温度 t_2 所放出的热量为：

$$Q = CP(t_1 - t_2) = \Delta H \tag{4-12}$$

式中，CP（kW/℃）表示热容流率，为质量流量 q_m 与 c_p 的乘积，q_m 和 c_p 单位分别为 kg/s 及 kW/(kg·℃)。

该热量 Q 即为 T-H 图中的焓差 ΔH，该热物流在 T-H 图的绘制结果如图 4-3 所示，其物流温度及焓变化趋势为箭头所指方向。线段 L 的斜率为热容流率的倒数，即 $1/(CP)$；在 T-H 图上水平移动时不改变初始温度、目标温度和热量。

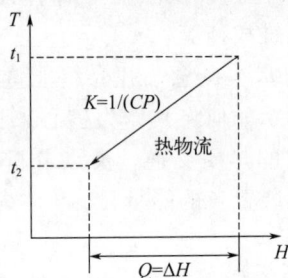

图 4-3　T-H 图上的热物流

4.5.1.3　组合曲线

在典型热回收过程中，通常会有若干冷物流需要加热，若干热物流需要冷却。为处理多股热（冷）物流，将它们分别组合成一条热（冷）组合曲线，从而解决多物流问题。如果有多股冷热流，它们的热负荷可以相加产生组合曲线。热组合曲线是在每个热流存在的温度范围内，所有热流的热负荷的总和。同样地，冷组合曲线是所有冷流的热负荷之和。必须选择热交换的最小温差 ΔT_{min}，并选择为 20K。这给出了曲线之间的垂直距离。冷热组合曲线最接近处是夹点，这里对应于冷流的温度为 100℃，热流的温度为 120℃，如图 4-4（a）所示。

从任意温度下的热流中减去冷流所需的总热量，以给出在任何温度下的加热或冷却用途（外部加热或冷却供应）的净需求，考虑到热交换存在 20K 的最小温差 ΔT_{min}，为了使热组合曲线和冷组合曲线接近，在夹点处相交，可以采用位移温度，即取平均值。将热物流温度降低 $\Delta T_{min}/2$（10℃），而冷物流温度升高 $\Delta T_{min}/2$（10℃）。

将组合曲线在位移温度轴上重新绘制，就得到了位移组合曲线，该曲线仅在夹点处相交。位移组合曲线比组合曲线更清楚地显示了夹点的确切位置。

位移组合曲线上任一位移温度处，以夹点为界，冷热物流存在不平衡，需要外部公用工程进行补充或抵消。根据位移组合曲线可以求得任何温度下所需的最小加热量或冷却量。绘制净热流率（公用工程需求）与位移温度的关系，即为总组合曲线，如图 4-4（b）所示。相对于夹点，对于给定的位移温度，总组合曲线表示热物流的可用热量和冷物流所需的热量，也是问题表格（热级联）简单的图形表示。

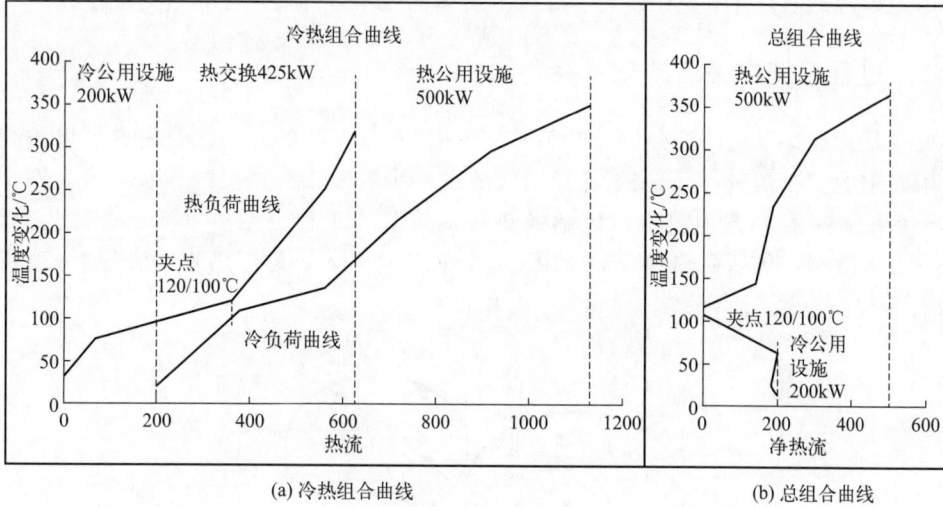

(a) 冷热组合曲线　　(b) 总组合曲线

图 4-4　组合曲线

4.5.1.4　*T-H* 图上的夹点位置

当冷、热组合曲线在某点重合时，系统内部所回收的热量达到极限，重合点的温差为 0，称为夹点。然而，温差为 0 时的传热必须依靠无限大的传热面积，这是不现实的，但是我们可以通过确定一个热、冷物流间换热的最小允许传热温差——夹点温差，即夹点可定义为热冷组合曲线上传热温差最小的位置，参见图 4-5。

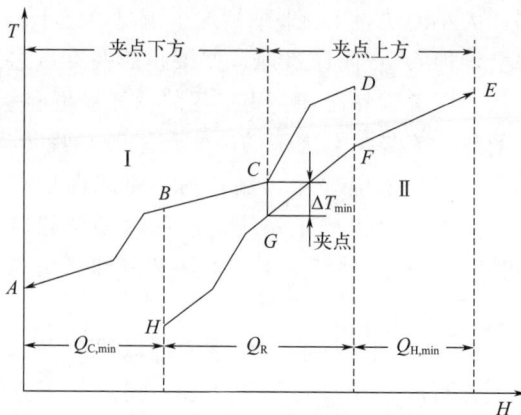

图 4-5　*T-H* 图上的夹点说明

图中 $Q_{C,min}$ 为冷却公用工程所提供的最小冷量，$Q_{H,min}$ 为加热公用工程所提供的最小热量，Q_R 为可回收利用的余热量，且是该过程系统所能达到的最大热回收。

在图中，凡是等于 C 点温度的热物流与等于 G 点温度的冷物流都为夹点，CG 温度刚好相差 ΔT_{min}，即最小允许传热温差。在冷组合曲线的上端剩余部分 EF，没有热流与之换热，为了使这部分冷流升高到目标温度，需要使用加热公用工程加热器，EF 为在该夹点温差下所需的最小加热公用工程量 $Q_{H,min}$。类似地，在热组合曲线的下端剩余部分 AB，也没有冷流与之换热，为了使这部分热流降低到目标温度，需要使用冷却公用工程冷却器，AB 为在该夹点温差下所需的最小冷却公用工程量 $Q_{C,min}$。

4.5.2　过程系统中夹点的意义

夹点是指能量最优的换热网络中存在的一个热力学限制点。这个夹点可以被视为系统用能中的"瓶颈"，它限制了能量回收的进一步增加。夹点把过程系统分为两个独立的子系统，夹点上方为热端，包括换热和加热公用工程，无热量流出，称为热阱；夹点下方为冷端，包括换热和冷却公用工程，无热量流入，称为热源。如图 4-6 所示。

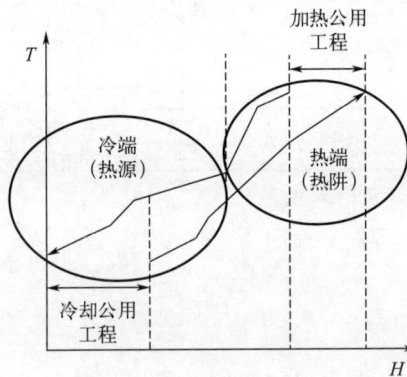

图 4-6　T-H 图上的热阱与热源

如果我们在夹点之上的热阱子系统中安装一个冷却器，通过冷却公用工程来移除一部分热量 Q_α，那么根据夹点之上系统的平衡原理，我们会发现同样需要额外的加热公用工程来输入一个同样大小的热量 Q_α 来平衡这个情况，结果就是加热公用工程和冷却公用工程的消耗量都会增加 Q_α。同样道理，如果我们在夹点之下的热源子系统中安装一个加热器，那么加热公用工程和冷却公用工程的消耗量也会相应增加。

如果发生夹点之上的热物流与夹点之下的冷物流进行热量传递，记为 Q_β，根据热平衡原理，夹点之上的子系统仍然需要输入额外的热量来保持平衡，这将导致加热公用工程的用量增加。同样，夹点之下的子系统需要移除额外的热量，导致冷却公用工程的用量增加 Q_β。换句话说，在这种情况下，加热和冷却公用工程的用量都会相应增加 Q_β 的数量，如图 4-7 所示。

为保证过程系统具有最大的能量回收，应该遵循以下三条基本原则：在夹点处不能有热量传递；夹点的上方不能使用冷却公用工程；夹点的下方不能使用加热公用工程。例如，热泵只有在逆向夹点运行时，将无用的夹点以下废热升级为有用的夹点以上热能，才能真正实现节能效果。

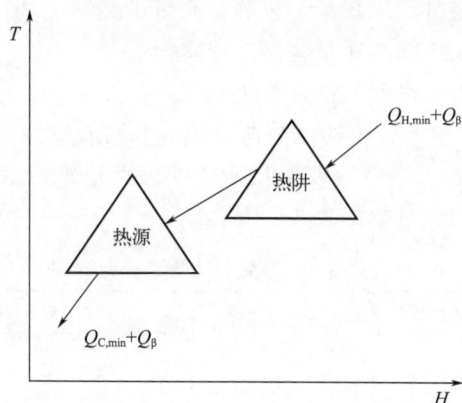

图 4-7　跨越夹点的不合理传热

4.5.3　问题表格法

如果我们知道夹点温差，我们可以利用冷热复合温焓线来确定夹点的位置以及最小公用工程用量。然而，使用图解法进行计算可能非常烦琐且不够准确。因此，为了更精确地计算，我们可以使用一种用代数方法确定目标的方法，也就是问题表格法。在使用问题表格法进行计算时，我们可以考虑夹点上下子系统的热平衡条件，并利用所给的温度和温差信息，逐步计算各个子系统需要输入或移除的热量。通过反复迭代计算，我们可以逐步接近最准确的夹点位置和最小公用工程用量，具体步骤如下。

第一步，将所有冷物流的出口温度和所有热物流的入口温度从小到大分别排列起来，并将热物流温度下降一个最小温差值（$\Delta T_{\min}/2$），将冷物流温度上升一个最小温差值（$\Delta T_{\min}/2$），这样可以确保物流之间的温差至少为 $\Delta T_{\min}$。将所有冷热物流的温度按照从小到大的顺序排列在一起，并划分成不同的温度区间。

第二步，为确定每个温区内所需的加热量和冷却量，我们可以使用式（4-13）进行计算：

$$\Delta H_i = \left[\Sigma(c_p)_c - \Sigma(c_p)_h\right] \times (T_i - T_{i+1}) \tag{4-13}$$

式中，ΔH_i 为第 i 温区所需的外加热量，kW；$\Sigma(c_p)_c$ 为第 i 温区内所有冷物流的热容流率之和，kW·℃；$\Sigma(c_p)_h$ 表示第 i 温区内所有热物流的热容流率之和，kW·℃；T_i 和 T_{i+1} 分别表示第 i 温区的入口和出口温度，℃。

使用这个计算公式可以帮助我们更好地了解不同温区内的能量平衡情况，并根据实际需要进行热量调节和优化。

第三步，热级联计算是一种用于确定系统各温区之间热通量的方法。在没有与外界进行热量交换时，我们可以计算出各温区之间的热通量。这些热通量可以自上而下传递，但不能逆向流动，即热通量应大于等于零。

如果计算结果中出现了负的热通量值，这意味着需要从外界输入热量来满足系统的需求。我们可以从负的热通量中选择绝对值最大的作为最小加热公用工程用量，即所需要外界输入的最小热量。而从最后一个温区流出的热通量将是最小冷却公用工程用量。通过这种热级联计算的方法，我们能够更好地了解各温区之间的热量传递情况，并确定需要外界输入的热量和冷却量，以确保系统的热平衡和稳定运行。

第四步：夹点是温区之间热通量为零的位置。

让我们通过一个例子来说明如何计算夹点。

例题 2： 某一换热系统的工艺物流为两股热流和两股冷流，取冷热流体之间的最小传热温差为 10℃。用问题表法确定该换热系统的夹点位置以及最小公用工程加热量和最小公用工程冷却量。物流参数如表 4-2 所示。

表 4-2　换热系统物流参数

物流编号和类型	热容流率 $q_m c_p/(\mathrm{kW \cdot ℃^{-1}})$	供应温度/℃	目标温度/℃
热物流 1	3.0	160	50
热物流 2	5.0	150	50
冷物流 3	2.5	25	100
冷物流 4	4.0	40	160

解：

（1）步骤一：划分温区

① 分别将所有热流和所有冷流的进、出口温度（℃）从小到大排列起来。

热物流：50℃，150℃，160℃；冷物流：25℃，40℃，100℃，160℃。

② 计算各冷流和热流进、出口的平均温度（℃），即将热物流的入口、出口温度下降 $\Delta T_{\min}/2$，冷物流的入口、出口温度上升 $\Delta T_{\min}/2$。

热物流：45℃，145℃，155℃；冷物流：30℃，45℃，105℃，165℃。

③ 将所有冷热物流的平均温度（℃）从小到大排列起来。

冷热物流：30℃，45℃，105℃，145℃，155℃，165℃。

④ 整个系统可以划分为五个温区，如图 4-8 所示，分别为

第 1 温区（℃）165→155；第 2 温区（℃）155→145；第 3 温区（℃）145→105；第 4 温区（℃）105→45；第 5 温区（℃）45→30。

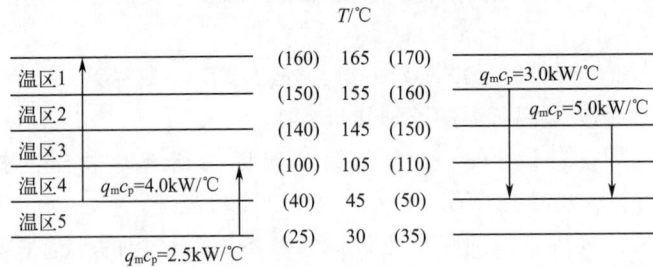

图 4-8　温区划分

（2）步骤二：温区内热平衡计算

根据公式 4-13，计算结果命名为"亏缺热量"，用 D 来表示，将结果列于表 4-3 第三列。

第 1 温区：$D_1 = (4.0 - 0) \times (165 - 155) = 40$（kW）

第 2 温区：$D_2 = (4.0 - 3.0) \times (155 - 145) = 10$（kW）

第 3 温区：$D_3 = (4.0 - 5.0 - 3.0) \times (145 - 105) = -160$（kW）

第 4 温区：$D_4 = (4.0 + 2.5 - 5.0 - 3.0) \times (105 - 45) = -90$（kW）

第 5 温区：$D_5 = (2.5 - 0) \times (45 - 30) = 37.5$（kW）

D_i 为负表示该温区有剩余热量。

（3）步骤三：计算系统与外界无热量交换时各温区之间的热通量

命名为"累计热量"，包括输入热量（I）和输出热量（Q）的计算。

此时，第 1 温区的输入热量 $I_{i,\text{in}}$ 为零，其余各温区的输入热量 $I_{i,\text{in}}$ 等于上一温区的输出热量 $Q_{i,\text{out}}$，每一温区的输出热量 $Q_{i,\text{out}}$ 等于本温区的输入热量 $I_{i,\text{in}}$ 减去本温区的亏缺热量 D_i，计算结果列于表 4-3 第四列。

第 1 温区：$I_{1,\text{in}} = 0\text{kW}$，$Q_{1,\text{out}} = 0 - 40 = -40$（kW）

第 2 温区：$I_{2,\text{in}} = -40\text{kW}$，$Q_{2,\text{out}} = -40 - 10 = -50$（kW）

第 3 温区：$I_{3,\text{in}} = -50\text{kW}$，$Q_{3,\text{out}} = -50 - (-160) = 110$（kW）

第 4 温区：$I_{4,\text{in}} = 110\text{kW}$，$Q_{4,\text{out}} = 110 - (-90) = 200$（kW）

第 5 温区：$I_{5,\text{in}} = 200\text{kW}$，$Q_{5,\text{out}} = 200 - 37.5 = 162.5$（kW）

表 4-3　各温区热量输入输出值

温度和温区	物流	亏缺热量/kW	累计热量/kW		热通量/kW	
			输入	输出	输入	输出
165℃温区 1		40	0	−40	50	10
155℃温区 2		10	−40	−50	10	0
145℃温区 3		−160	−50	110	0	160
45℃温区 4		−90	110	200	160	250
30℃温区 5		37.5	200	162.5	250	212.5

（4）步骤四：确定最小加热公用工程用量

从步骤三的计算中可以看到，当无外界热量输入时，第 1 温区向第 2 温区输入的热量为负值，这意味着热量由第 2 温区向第 1 温区提供，由第 1 温区向更高温的加热公用工程输入热量，这在热力学上是不合理的。为了消除这种不合理现象，使各温区之间的热通量$\geqslant 0$，就必须从外界输入热量，使原来的负值至少变为零，输入量为所有 I_i 中负数绝对值的最大值。因此得到最小公用工程加热量为 50kW。

（5）步骤五：计算外输入最小加热公用工程量时温区之间的热通量

为方便计算，该公用热量从第 1 温区输入，计算方法同步骤三，将结果列于表 4-3 最后两列。

第 1 温区：$I_{1,\text{in}} = 50\text{kW}$，$Q_{1,\text{out}} = 50 - 40 = 10$（kW）

第 2 温区：$I_{2,\text{in}} = 10\text{kW}$，$Q_{2,\text{out}} = 10 - 10 = 0$（kW）

第 3 温区：$I_{3,\text{in}} = 0\text{kW}$，$Q_{3,\text{out}} = 0 - (-160) = 160$（kW）

第 4 温区：$I_{4,\text{in}} = 160\text{kW}$，$Q_{4,\text{out}} = 160 - (-90) = 250$（kW）

第 5 温区：$I_{5,\text{in}} = 250\text{kW}$，$Q_{5,\text{out}} = 250 - 37.5 = 212.5$（kW）

最后温区的输出热量为 212.5kW，即为最小公用工程冷却量。

（6）步骤六：确定夹点位置

第 2 温区和第 3 温区之间热通量为零，此处就是夹点，即夹点在平均温度 150℃（冷物流温度 145℃，热物流温度 155℃）处。

4.5.4　夹点分析在干燥过程中的应用

大多数工艺过程都可以找出夹点温度。在该温度以上，系统具有净热量需求；在夹点以下，存在净废热排出。夹点以下的加热、夹点以上的冷却或夹点之间的热交换都会产生能量损失，干燥过程也遵循这个原则。运用夹点分析可以通过系统性分析实现设定的能量目标，有效找到节能的着力点。

4.5.4.1　干燥过程中的物流和热交换

夹点分析首先需要审视干燥过程中那些需要热量或释放热量的物流和单元操作，并将其归为热流（例如干燥室末端排出的乏气，需要冷却并冷凝）及冷流（例如进入干燥装置的湿物料，需要加热蒸发掉其中部分水分）。这些加热需求可通过加热公用工程（蒸汽、热水、烟气）来满足，而冷却需求可通过冷却公用工程（冷却水、冷冻水、制冷机）来满足。

在高温热流到低温冷流之间可以采用热回收，以减少外部公用工程的使用量，从而降低一次能源的消耗，并减少大气排放污染。通过设定精准的能量目标，确定最大热回收量，实现最小的加热公用工程量和冷却公用工程量。

对于冷热物流而言，其特征参数为温度以及热负荷，后者可根据式（4-12）计算。对于典型的干燥装置而言，其典型物流包括热物流 H_1 及 H_2，冷物流 C_1、C_2 及 C_3。

H_1：干燥装置末端的乏气，其负荷包括潜热和显热两部分。

H_2：受热干燥后干燥装置出口端的物料，其负荷以显热形式存在，通常远小于 H_1。

C_1：对流干燥装置而言，加热干燥介质（通常为空气），通常从环境温度加热至干燥室入口温度。

C_2：接触式干燥装置而言，通过器壁传导热量。

C_3：进入干燥室前预热物料。

C_1 和 C_2 为主要热负荷，用于物料中湿分的蒸发。

由于存在多股物流，故将所涉及温度范围内的所有冷热物流的热冷负荷分别相加在一起，从而分别得到干燥过程中所有热（冷）物流的热（冷）组合曲线。选定的最小温差 $\Delta T_{min}20℃$ 确定了曲线之间的间隔。尽管存在多股物流，夹点的位置出现在冷热组合曲线最接近的位置，夹点对应着两个相差 ΔT_{min} 的冷热物流温度。冷热组合曲线中间重叠相交的部分意味着过程可能达到的最大热回收量，热组合曲线底部多出的部分表示公用工程冷却量的最小值，冷组合曲线顶部多出的部分表示所需公用工程加热量的最小值——即能量目标。

干燥装置的热回收系统可运用夹点分析，按照能量目标进行设计，以达到最大热回收量。

4.5.4.2　干燥过程能量目标的实现

对流干燥装置通常使用空气作为热质传递的介质。干燥设备的高热量需求源于物料中水分的蒸发潜热。提供给干燥设备的大部分热量在干燥过程结束后转化为乏气中的蒸气潜热，这部分热量通常只能通过冷凝乏气中的水蒸气来回收。然而，由于乏气的饱和湿度几乎随温度呈指数下降，其露点温度通常在 50℃ 以下，这意味着冷端温度极大概率低于夹点温度，从而不应设置公用工程加热器，否则会造成公用工程的浪费。因此，通常的做法是将干燥设备的乏气从烟囱中简单排出，可能会回收其中一小部分显热。

对流干燥装置所需热量以热空气为其载体，环境中的新鲜空气被吸入并在直接燃烧或非直燃炉中被加热。因此，干燥机的热负荷为一条斜线。典型干燥设备的组合曲线如图 4-9 所示。从图中明显可以看出，系统中的热回收范围是有限的，能够从干燥装置乏气中回收用于预热入口处新鲜空气的热量只占一小部分。尽管如此，由于干燥作业的高耗能属性，乏气热回收在实际操作中节约的成本是显著的。

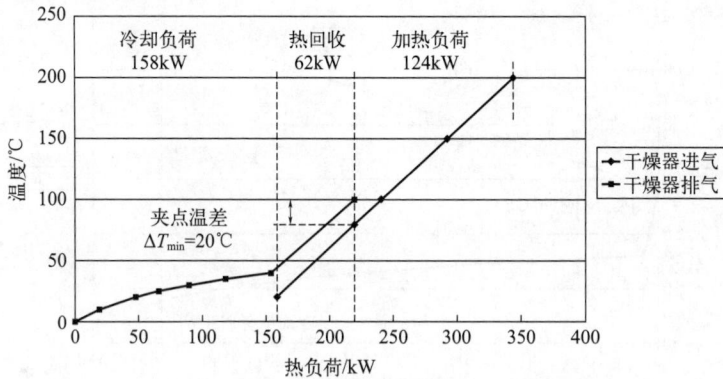

图 4-9　对流干燥装置的组合曲线

这一点可以从一个简单的实例得到验证。假定对流干燥装置入口热空气流量为 1kg/s，热空气湿度为 0.01kg/kg。热空气进入干燥室前在加热器内被从环境温度 20℃ 加热到 200℃，用以蒸发物料中的水分，干燥室出口乏气温度为 100℃。根据焓湿图可得加热后空气焓值从 45 kJ/kg 上升到 231kJ/kg。忽略外壳热损失和物料的显热加热，干燥过程结束后乏气湿度 0.048kg/kg，对应露点温度 40℃。因此物料中水分蒸发量为 0.038kg/s（取潜热值 2450kJ/kg），相应的热量需求大约是 93kJ/s（93 kW）。实际作业中空气加热器耗能大约 185kW，干燥装置的效率仅为大约 50%——可见外壳热损失和物料的显热加热对热效率的影响显著。表 4-4 列出了冷热物流的关键温度——热负荷参数。

表 4-4　对流干燥装置的冷热流数据

热流 H（干燥乏气）			冷流 C_i（进气加热）		
温度/℃	热负荷/kW	调整后/kW	温度/℃	热负荷/kW	调整后/kW
100	229	220	20	45	158
40	163	154	80	107	220
30	99	90	100	127	240
20	56	47	150	179	292
0	9	0	200	231	344

运用夹点分析，采用位移温度，在新的位移组合曲线上，热物流的起始负荷为 0，而冷物流位于其下方。最小温差 ΔT_{min} 设定为 20℃，夹点位于位移温度 90℃ 所在位置，

对应热物流温度为 $100℃$，冷物流温度为 $80℃$。优化后的热负荷为 $220kW$，如图 4-9 所示。在组合曲线上热物流和冷物流互相重叠的区域即为最大热回收量。

图 4-10 为干燥装置的总组合曲线（grand composite curve，GCC），该图反映了任何温度下的最小公用工程加热量或冷却量，夹点之上需要加热，而夹点之下则需要冷却。GCC 图中采用的是位移温度，即所有热流温度减少 $10℃$（$\Delta T_{min}/2$），所有冷流温度则增加 $10℃$（$\Delta T_{min}/2$）。从图中可以看出，来自干燥室乏气以及空气加热器入口新鲜空气的热负荷在位移温度 $30\sim90℃$ 范围内不匹配，因高湿的乏气具有更大的比热容。必须指出的是，在计算乏气的冷却负荷时，假定条件是将其中的全部水蒸气冷凝，并将其温度降低到 $0℃$，而这与时间情况并不完全相符。

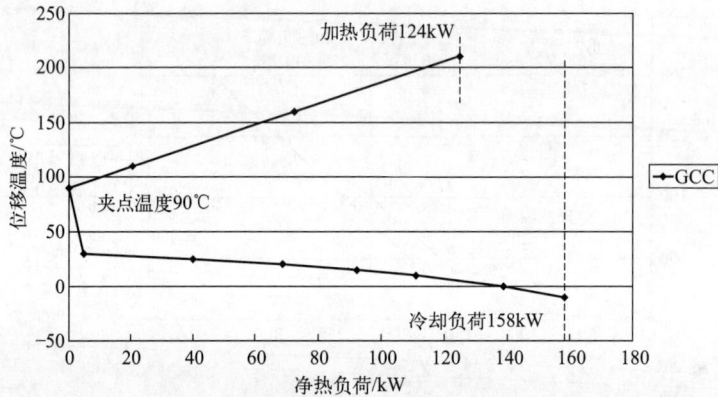

图 4-10　对流干燥装置的总组合曲线

将采用夹点分析技术得到的组合曲线和总组合曲线，与常规的负荷曲线进行比较可以看出，前者的冷热物流重叠区域明显大于后者，热回收量显著增加。

【复习思考题】

1. 简单描述热风干燥过程中的能量损失来自哪几个方面？
2. 采取哪些措施可以减少干燥装置壳体的热损失？
3. 干燥过程中的热流和冷流应当如何区分？
4. 夹点对干燥过程优化有何具体意义？
5. 就典型的干燥装置而言，如何系统性实现降低能耗的目标？

第 5 章　渗透脱水与干燥

渗透脱水是一种将食品物料浸泡于高渗透压的盐溶液、糖溶液或混合溶液中，通过脱水降低水分含量以延长储藏期，通过传质增加可溶性固形物含量以获得独特风味的加工过程。渗透脱水应用于水果、蔬菜、肉类、鱼类等食品，可以较好地保持果蔬和肉类加工后的品质，降低加工能耗。传统的干燥技术如热风干燥，将热量传递给食品，蒸发去除其中的水分。然而，在传统的干燥过程中，化学成分会发生热降解，进而对干燥产品的营养价值和感官属性产生不利影响。应用渗透脱水（osmotic dehydration，OD）等低温干燥技术可以有效地减轻传统热风干燥的不利影响，同时还可以降低能源成本。一般来说，渗透脱水可将食品的水分含量降低 30%～40%。由于渗透脱水无法单独使产品达到稳定的含水量，需要进一步与常规的热风、热泵、真空等干燥方式结合起来，以达到产品的最终含水量要求。渗透脱水降低了后续干燥设备的负荷，从而减少了设备投资，降低了能源消耗。近些年研究主要集中在水果、蔬菜类渗透脱水的质量传递过程机理、增强渗透干燥新技术的应用等方面，对水产品及肉类的应用研究较少，因此本章主要针对果蔬的渗透干燥展开。

5.1　渗透脱水

5.1.1　渗透压

溶液渗透压，是指溶液中溶质微粒对水的吸引力。溶液渗透压的大小取决于单位体积溶液中溶质微粒的数目：溶质微粒越多，即溶液浓度越高，对水的吸引力越大，溶液渗透压越高；反过来，溶质微粒越少，即溶液浓度越低，对水的吸引力越弱，溶液渗透压越低。即溶液渗透压与其中所含的无机盐、蛋白质等溶质的含量有关。在组成细胞外液的各种无机盐离子中，含量上占有明显优势的是 Na^+ 和 Cl^-，细胞外液渗透压的 90% 以上来源于 Na^+ 和 Cl^-。植物细胞以渗透吸水为主，其动力就是渗透压。在一个封闭系统中，渗透压的作用，使得溶质在两个不同区域之间的浓度达到平衡状态。在平衡状态下，系统的自由能最小，达到了稳定的状态。

在等温条件下，平衡状态可以通过浓度或压力的变化来实现。达到纯溶剂与溶液之间平衡状态所需的过量压力称为渗透压，其公式如下：

$$P = -\frac{RT}{V} \ln a_w \qquad (5\text{-}1)$$

式中　P——渗透压，kPa；

　　　V——水的摩尔体积，L/mol；

　　　R——通用气体常数，J/(K·mol)；

　　　T——物质在液相中的温度，K；

　　　a_w——物质在液相中的水分活度。

5.1.2　渗透脱水与细胞结构

在植物的渗透干燥处理中，传质在很大程度上受到植物组织结构特征的影响。典型植物细胞的细胞质可分为膜（质膜及液泡膜）、透明质和细胞器（内质网、质体、线粒体、高尔基体和核糖体等）。透明质为细胞质的无定形可溶性部分，其中悬浮着细胞器及各种后含物。质膜是细胞质的边界，紧贴细胞壁，细胞壁有许多小孔，因此相邻细胞的细胞质是互相贯通的。质膜对物质的透过有选择性。液泡膜位于细胞质和细胞液相接触的部位，与质膜形态结构基本相似。内质网是散布在透明质内的一组有许多穿孔的膜，是核糖体的集中分布场所，有人认为内质网对细胞壁形成也有一定作用。质体是真核细胞中所特有的细胞器，呈药片状、盘状或球形，表面有 2 层膜，其与能量代谢、营养贮存和植物的繁殖都有密切关系。质体通常由前质体直接或间接发育而来，前质体一般存在于胚或分生组织中，通常为双层膜，膜内含有比较均一的基质（图 5-1）。

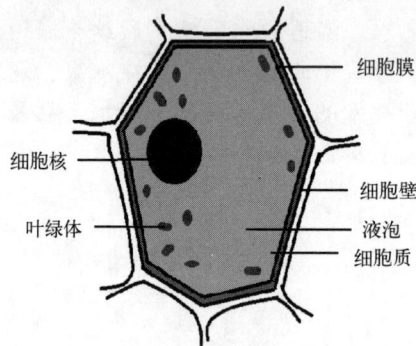

图 5-1　植物细胞结构图

一般来说，在渗透脱水期间，植物细胞内的传质通过三种不同的途径发生。

（1）质外体途径

水和溶质穿过细胞壁以及在细胞之间的扩散。

（2）共质体途径

水分和溶质从一个细胞的细胞质经过胞间连丝，移动到另一个细胞的细胞质。

（3）跨膜途径

涉及细胞内部（细胞质和液泡）和外部（细胞壁和细胞间之间）。

细胞膜对水具有透过性，对其他溶质则具有选择透过性。这种选择性缘于溶质的离子性质、大小和电化学属性等因素。当外部环境的渗透压高于细胞内部的渗透压时，细胞内的水分会向外扩散，导致细胞脱水。此时，植物细胞会通过调节细胞膜的渗透性来控制水分的流动，从而维持细胞内外渗透压的平衡。然而，当将植物组织置于高渗透压溶液中时，溶液浓度大大高于植物细胞内可溶性物质的浓度，水分就不再向细胞内渗透，而周围介质的吸水力却大于细胞，原生质内水分将向细胞间隙内转移，再转移到细胞外，水分严重流失，导致原生质紧缩，形成质壁分离（plasmolysis），从而影响最终产品的质地、营养价值和感官特性（见图 5-2）。

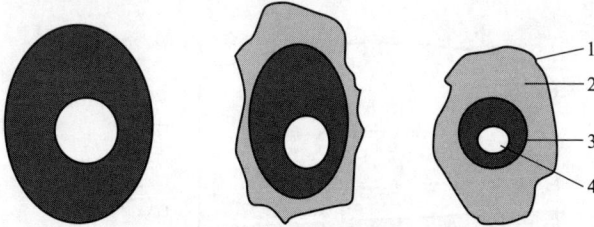

图 5-2　植物细胞的质壁分离示意图
1—细胞壁；2—高渗溶液；3—原生质膜；4—液泡

5.1.3　渗透脱水的基本原理

渗透脱水是指在一定温度下，将食品物料浸在含有可食用溶质的高渗透压溶液（通常为糖溶液或盐溶液）中来实现物料部分脱水的一种技术。除了能源消耗低之外，作为一种非热加工技术，渗透脱水的另一显著优势是：工作温度较低且物料中的水分不发生相变，即无需加热，食品材料的营养、感官和功能特性几乎没有被破坏，可以在较短的时间内除去食品中的水分而不损坏其组织结构，使其仍能保持原有风味、质地、色泽、营养和品质，而且感官特性与新鲜时相比几乎没有变化。

在渗透脱水期间，食物原料被浸泡在高渗透压溶液（渗透溶液）中，最外层的细胞和渗透溶液接触，由于细胞内溶液和渗透溶液的浓度差异，最外层的细胞失去水分开始收缩。最外层细胞失水后，其细胞内溶液与第二层细胞内溶液产生浓度差，第二层细胞中水分向第一层细胞迁移，第二层细胞开始收缩。随着渗透的进行，水分迁移和组织结构收缩现象由食品原料的表面向中心进行。最终，经过较长时间的浸泡后，物料中心失去水分，物质迁移趋于平衡；若将食品原料浸入低浓度的渗透溶液，则这一过程正好相反，食品原料从溶液中吸收水分，导致细胞组织发生膨胀。

渗透脱水过程中，传质的主要驱动力是建立在食物细胞膜两侧的溶液差，即渗透溶液和细胞内液之间的化学势梯度。如果细胞膜是完全半透膜，溶质就无法扩散到细胞中。然而，由于食品系统内部结构复杂，几乎不存在完美的半透膜。因此，总会有某种程度数量的溶质扩散到食物中或食物中的溶质成分浸出。如图 5-3 所示，渗透脱水过程中的物质传递是一个复杂的现象，不但涉及水和溶液溶质的同时传递，而且以三种逆流转移现象为特征。

（1）水分流失（water loss，WL）

水从食物的细胞原生质体中穿过细胞壁，扩散到渗透溶液中，细胞壁起着半透膜的作用。水的扩散一直持续到化学势达到平衡为止。

（2）溶质增益（solute gain，SG）

溶质从渗透溶液进入食物的过程。

（3）固体损失（weight reduction，WR）

食品原料中的天然溶质（如有机酸、矿物质和维生素等）释放到渗透溶液中。

值得注意的是，与水分流失和溶质增益现象相比，固体损失量相对较小。通过水分流失作用，食品原料的水分含量降低，其生化反应速度得以延缓；通过溶质增益作用，食品原料所需的活性物质、防腐剂和营养物质等得以引入，以维持食品原料的组织结构。

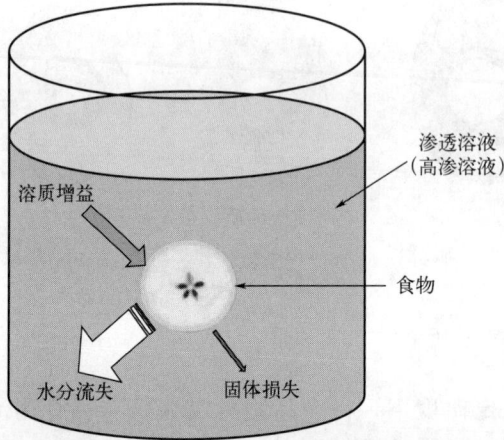

图 5-3　渗透脱水过程中的物质传递

5.2　渗透脱水的传质运动学

5.2.1　化学势的驱动作用

化学势是决定物质传递方向和限度的物理量。在混合物中的某种物质的化学势定义为此热力学系统的吉布斯自由能对此物质粒子数的变化率，即偏导数（其他物质的粒子数及其他系统参数保持不变）。当温度和压强固定时，化学势也被称作偏摩尔吉布斯自由能或者摩尔化学势。在化学平衡或相平衡状态下，自由能处于极小值，各种物质的化学势与化学计量系数乘积之和为零。化学势的概念被运用于很多关于化学平衡的方面，比如渗透、熔化、沸腾、蒸发、溶解、液体萃取和色谱分离等。

粒子总是趋向于从高化学势流向低化学势，因而，化学势可视为物理中"势能"概念的推广。当一个球从山上滚下，它从高重力势（有更多的做功"趋势"）跑到了低重力势的区域。同样，分子在渗透过程中，它们总是趋向于自发地从高化学势的状态变到低化学势的状态，相应的，此分子的粒子数会发生变化，因而粒子数是化学势的共轭变量。

一般来说，我们的探索过程是从宏观理论向微观理论延伸，比如用机械运动的理论对分子的随机运动做微观解释，但是对于渗透过程，如果用化学势来理解它的自发性则显得更加简单方便：在确定的温度下，一个分子在高密度区域有更高的化学势，而在低密度区域的化学势则较低；当分子从高化学势区域流到低化学势区域时，就会释放自由能，因此这是一个自发的过程，也就是渗透过程是自发进行的。

在溶液中，溶剂（通常是水）和溶质之间的相互作用决定了溶液中水的热力学状态，每种物质（水和溶质）的能量状态在这些相互作用中起着至关重要的作用。化学势意味着在保持恒定温度和压力的情况下，调节系统中粒子数量所需的能量。通过调整不同的参数（如溶质浓度、温度、压力和浸泡时间）来控制化学势，是设计高效脱水渗透工艺的关键；此外，高渗溶液中溶质的选择会显著影响渗透脱水，因为溶质的化学势决定了水分的去除速度和程度。如图 5-4 所示是食品和渗透溶液中的水和糖在渗透脱水期间的归一化浓度。在此过程中，产品失去水分，从渗透溶液中获得溶质，导致其固体含量增加；同样地，由于溶质向产品迁移，渗透溶液的浓度降低，水从产品释放到溶液中。水和溶质的转移受到整个过程中由化学势造成的连续化学电位差的影响。化学成分的差异提供了粒子从高化学势区域向低化学势区域运动的驱动力，最终导致平衡状态。

化学势梯度（$\nabla \mu_i$）与浓度梯度密切相关，表示在渗透脱水期间施加在每个渗透分子上的力。扩散的驱动力是化学势的梯度，用以下公式表述，

$$\vec{J_1} = -\frac{c_i}{\beta} \nabla \mu_i \tag{5-2}$$

式中，$\vec{J_1}$ 为扩散通量，$kg/(m^2 \cdot s)$；c_i 和 β 分别为浓度及摩擦阻力。

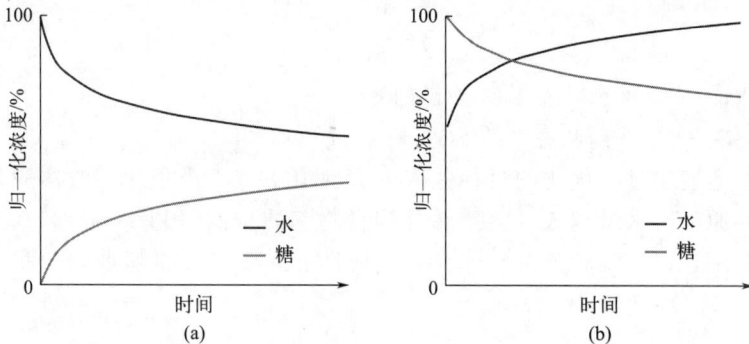

图 5-4　渗透脱水过程中水和糖在食品（a）和渗透溶液（b）中的归一化浓度

根据式（5-2），在平衡状态下（$\vec{J_1} = 0$），系统内各处的化学势趋于均匀，没有粒子的净运动。

在恒温恒压下，化学势（μ）可由吉布斯自由能（G）与组分的物质的量（n）的偏导数表示。

$$\mu = \left(\frac{\partial G}{\partial n}\right)_{T,P} \tag{5-3}$$

等温条件下，渗透取决于两个体系的能级平衡，通过调节压力或浓度来实现。达到这种平衡状态所需的额外压力被称为渗透压，渗透压随溶质摩尔质量的减少和溶液浓度的增大而增大。考虑温度和水分活度（a_w）的影响，液相中的化学势可以根据式（5-4）计算：

$$\mu = \mu° + RT\ln(a_w) \tag{5-4}$$

式中　$\mu°$——标准化学势，J/mol；

　　R——通用气体常数，J/(K·mol)；

　　T——物质在液相中的温度，K；

　　a_w——物质在液相中的水分活度。

5.2.2　传质与渗透脱水效率

渗透脱水过程中的三类物质转移分别用以下公式表述：

$$WR(\%) = 100 \times \frac{M_{df} - M_{d0}}{M_{d0}} \tag{5-5}$$

$$SG(\%) = 100 \times \frac{M_{df} - M_{d0}}{M_0} \tag{5-6}$$

$$WL(\%) = 100 \times \frac{(M_0 - M_{d0}) - (M - M_{df})}{M_0} \tag{5-7}$$

式中　M_0——样品初始质量，kg；

　　M——样品的最终质量，kg；

　　M_{d0}——干物质的初始质量，kg；

　　M_{df}——干物质的最终质量，kg。

渗透脱水效率用以下公式计算：

$$\eta = \frac{WL_{eq}}{SG_{eq}} \tag{5-8}$$

式中　WL_{eq}——平衡状态下的 WL，kg；

　　SG_{eq}——平衡状态下的 SG，kg。

显然，渗透脱水过程优化的目标是 WL 最大化并 SG 最小化。渗透脱水效率值越高，表明食品原料脱水量越大，溶质转移到食物基质中的量越少。所以渗透脱水应优先考虑提高效率，以达到较低的含水量，同时防止过量溶质的吸收，以尽量保持食品的原有风味。

5.2.3　数学模型

渗透脱水过程中的物质传递可用菲克定律（Fick's law）表述。菲克根据分子扩散原理来预测传质，其中浓度梯度作为驱动力，如式（5-9）所示，来计算水和溶质的有效扩散系数，

$$J_1 = -D_{effi}\frac{\partial c_i}{\partial x} \tag{5-9}$$

式中，J_1 为水分或溶质的扩散通量，kg/(m²·s)；D_{effi} 为有效扩散系数，m²/s；c_i 为组分 i 的浓度，kg/m³；x 为扩散距离，m。式中的负号表示扩散方向与浓度梯度相反。

该公式指出：在任何浓度梯度驱动的扩散体系中，物质将沿由其浓度场决定的负梯度方向进行扩散，其扩散流大小与浓度梯度成正比。值得注意的是，扩散方程是描

述宏观扩散现象的唯象关系式，其中并不涉及扩散系统内部原子运动的微观过程，扩散系数反映了扩散系统的特性。

如果采用单一的渗透脱水技术，则会发现果蔬脱水速度较慢。国内外许多学者采用超声波来提高渗透脱水效果。李媛等人对采用超声波预处理对胡萝卜糖溶液渗透脱水的协同作用进行探讨，发现经超声波预处理的果蔬的脱水率明显高于对照样品。超声波作为一种物理能量形式，可使介质粒子振动，这种振动在亚微观范围内引起超声空化现象，从而使固液体系中液体介质的质点运动增加，固体（生物体）内部结构变化，进而使微孔扩散得以强化。在超声场内，果蔬组织中水分的内部扩散增加，同时超声波振动对其毛细管水有泵吸附作用，加快水分向外迁移，可使果蔬组织产生自热，降低果蔬组织中水分的黏性，有利于果蔬渗透脱水的进行。

5.2.4　过程参数对传质运动的影响

渗透脱水过程存在两种主要的物质传递现象：溶有溶质的水分渗出食品原料和渗透溶质渗入食品原料。因而渗透脱水过程是多组分物质迁移过程：两种同时进行的反向溶液流动及细胞间气体流出。渗出食品原料的溶液中溶有有机酸、还原性糖、矿物质、部分风味和色素物质等，这些流出的物质会影响最终产品的感官特性和营养特性。渗透溶液中的可溶性物质也会被食品原料吸收，这为调节食品原料的功能性提供了可能。由于细胞膜的半透性，大分子的可溶性物质渗入后积聚在细胞外空间。

近年来，对渗透脱水过程中物质迁移的研究广泛且深入，这些研究主要涉及渗透脱水过程中两种反向的物质迁移动力学。物质的迁移通常用原料失水率、原料固形物或渗透溶质增加率以及原料质量损失率表示。原料失水率和渗透溶质增加率可分别通过一定量的食品原料在某一段时间内水分损失或渗透溶质增加的速率计算，也可通过一定量的食品原料在某一段时间内水分损失总量或固形物增加总量计算。渗透过程物质的迁移受渗透参数的影响，对于生物性原料（如水果、蔬菜、鱼和肉类），其水分含量、成熟度、组织结构、多孔性、原料形状和大小都影响着水分的渗出、原料溶质的渗出及渗透溶液溶质的渗入。

这些物质的迁移遵循如下机制：

① 由浓度梯度引起的水分和溶质扩散迁移；

② 由外界压力、组织收缩和毛细管作用引起体系压力不同，水分和溶质的毛细管迁移；

③ 气孔内水分迁移；

④ 由于毛细管的凝结作用，气孔内水蒸气扩散；

⑤ 由于表面浓度差异，水分在气孔表面的扩散。

由于食品原料的复杂结构，渗透过程的物质迁移是这些机制共同作用的结果。

影响渗透传质的最主要因素是果蔬品种，其次是溶质的种类。张懋等用茄子做渗透脱水处理，对渗后物料进行切片观察及品尝后发现，离渗透表面愈远，含水率愈高，但渗入溶质的浓度却愈低。这证明在厚度方向同时有水分、溶质扩散梯度存在，这与传统的半干半潮食品的溶液配制假设平衡时间无穷大的理念（即添加剂向食品内扩散后食品和溶液内的最后浓度完全相同）有很大出入。

在双膜理论下，物料内部水分扩散的扩散系数 D 沿距离变化不大，可近似看作常数。

则菲克第二扩散定律（Fick's second law）可化简为：

$$\frac{\partial C}{\partial t} = D\frac{\partial^2 C}{\partial x^2}$$

(5-10)

式中　C——扩散物质的体积浓度，kg/m^3；

　　　t——渗透时间，s；

　　　D——扩散系数，m^2/s；

　　　X——距离，m。

上式描述了不稳定扩散条件下介质中各点物质浓度由于扩散而发生的变化。根据各种具体的起始条件和边界条件，对菲克第二扩散方程进行求解，便可得到相应体系物质浓度随时间、位置变化的规律。

5.3　渗透脱水的影响因素

5.3.1　外在影响因素

5.3.1.1　渗透溶液的组成与浓度

常用的渗透溶液有糖类溶液和盐类溶液，前者主要为蔗糖、葡萄糖、果糖和高果糖浆等，后者主要为氯化钠和柠檬酸钠等。一般来说，糖溶液用作水果的高渗透溶液，盐溶液用作蔬菜的高渗透溶液，也有糖和盐混合型渗透溶液的应用。渗透溶液的分子量及其解离情况对渗透脱水有很大的影响。虽然溶质的分子量对渗透过程的速度并无显著的影响，但渗透压与溶质分子量及其浓度有一定的关系。对建立一定的渗透压而言，溶质的分子量越大，需要的溶质量也就越大。若溶质能解离为离子，则能提高渗透压，此时溶质的用量也就可以减少。如 10%～15% 的氯化钠溶液与 60% 的糖溶液渗透压相当，这说明在形成同样渗透压的情况下，葡萄糖溶液的浓度就可低于蔗糖溶液的浓度。渗透脱水产品的最终品质在很大程度上受到渗入的渗透溶质量的影响，如蔗糖的渗入会改变水果的组成，从而影响产品的糖酸比及风味。在大多数情况下，人们希望减少渗透过程中渗透溶质的渗入。渗透溶质的选择取决于所期望的原料失水率与渗透溶质增加率的比值以及最终产品的感官特性要求，此外，选择使用混合溶质以获得较高的原料失水率和渗透溶质增加率的研究也有很多。

渗透溶质的分子量及其离子行为与水分的脱出量、固形物的增加量和达到平衡时的物料水分含量密切相关。对于其中固形物的增加而言，如果溶质分子量较小，渗入果蔬的溶质会随时间的延长而增多；但如果分子量相对较大，渗入果蔬的溶质则不会随时间的延长而增多。

5.3.1.2　渗透溶液的浓度和温度

在渗透性脱水时期，细胞内外溶液的浓度差为渗透脱水提供了物质传递的动力。正是由于细胞内外浓度差的存在，水分和溶质固体才可以在细胞内外相互迁移。细胞内外的浓度差与高渗透溶液的溶质组成和浓度有关。一般来说，渗透溶液的浓度越高，果蔬的失水量越大，其产品的总固形物和可溶性固形物的含量都增加；渗透溶液浓度越低，脱水效果越不明显。所以，适宜的渗透溶液浓度是生产过程中需要满足的一个条件，为此，很多研究均将 65% 左右的糖溶液或 5%～15% 的盐溶液作为渗透脱水过程中的渗透溶液。

操作温度影响渗透传质过程物质分子的扩散，进而制约渗透脱水耗时。在一定温度范围内，温度增加，分子运动加剧，渗透过程水分和溶质的传递速率加快，因此失水量和固形物增加量在短时间内都表现为增加。但在渗透脱水时间无限长时，渗透溶液的温度对失水量和固形物增加量没有影响。超过此范围，即温度过高，物料会发生酶褐变，所形成产品的风味和感官品质下降；因为高温影响了物料（主要是果实）的组织结构，破坏了细胞膜的半透性，导致溶质大量进入果实内部。因此，适宜的渗透脱水温度是生产过程中需要满足的另一个条件。

5.3.1.3　渗透脱水时间

水和溶质在细胞间迁移，是一个物质传递的动态过程。在到达平衡期之前，浸泡的时间越长，物料脱除的水分也就越多。在达到平衡后，浸泡时间增加，物料质量不再减小。一般浸泡时间 5～6h 为宜，浸泡时间过长，则会影响果蔬的感官品质和营养品质，并且增大微生物污染的概率。一般来说渗透脱水基本上是作为产品加工的一项前处理步骤，因此其脱水率达到 50% 即可。实际上，在渗透初期，体系两相的可溶性固形物含量相差很大，所产生的压力差较大，故物料失水速度较快，失水率大。随着渗透时间的延长，体系两相的浓度差变小，失水速度明显减慢。用糖溶液进行果蔬初始阶段的渗透脱水，由于高渗透压作用，水分很快从果蔬组织进入糖溶液中；因为糖分子的分子量较大，不容易透过细胞膜，所以在达到渗透平衡时也依然是以水分从果蔬组织进入糖溶液的状态为主。

5.3.1.4　渗透过程中搅拌程度

在渗透脱水的过程中，通过对渗透溶液的连续搅拌，渗透溶液和样品表面相交的渗透溶液层组分可以得到不断更新，进而保证了维持渗透脱水进行所必需的样品和渗透溶液之间的渗透压差，有效地增加了溶质的浓度梯度，巩固或者扩大了质量传输的主导因素，从而促进了溶质在溶解体系中的运输，提高了渗透速率。另外，搅拌可以使液体中的溶质和固体接触面积增加，加快溶质在固液界面上的传输速度。

但是，对于某些特定的系统，过高的搅拌程度会破坏反应的平衡状态，降低研究结果的可靠性。所以对于果蔬的渗透干燥而言，搅拌要温和，避免伤及果蔬组织。

5.3.1.5　真空或高静压力

真空是一种广泛使用的低耗能、高效率的加工方式，已有不少研究将真空技术应用于渗透脱水过程中。真空渗透不仅可以提高脱水率，还能改善产品色泽，减少组织内部的氧气含量，抑制产品氧化劣变。当对多孔隙食品施加真空时，压力差的存在引起外部液体的流动，使封闭在食品中的气体与外界液体相互交换，从而在食品中形成了新的有效传质区域，这对果蔬的渗透脱水具有促进作用。对于多孔状果蔬组织，其真空渗透处理过程是内部孔隙中的气体和液体与渗透溶液进行物质交换的过程，即在真空状态下，多孔状果蔬组织内部毛细管及细胞间隙的水和空气被抽出，渗透溶液进入，有效缩短了脱水时间。

高静压力与渗透过程物质的迁移和原料细胞膜的半渗透性密切相关。渗透脱水过程中，脱水层从与渗透溶液接触的原料表面向中心移动，水分渗出，细胞体积减小，细胞膜与细胞壁分离，细胞结构被破坏，导致细胞膜的渗透性提高。如果渗透前对原料进行高静压处理，那么原料的细胞壁结构会由于高静压过程中的加压或减压变化而受到破坏，导致原料的组织结构发生明显变化，细胞膜的渗透性提高，进而使渗透过程物质迁移速率提高。

5.3.2　内在影响因素

5.3.2.1　果蔬的理化性质

被干燥果蔬产品的理化性质对渗透干燥的效率有显著影响。了解和控制这些特性对优化渗透干燥和达到预期的产品质量至关重要。物理性质包括形状、大小、膜通透性和弯曲度等，这些因素影响了渗透干燥过程中传质的途径和速率。在渗透干燥期间，果蔬的几何形状和厚度显著影响水的去除率，这通常归因于表面积与厚度之比的变化。此外果蔬的化学成分和成熟阶段也会影响其传质速率。成熟诱导的生化变化，如通过水解酶的作用使果胶增溶和细胞壁解聚，会导致果实软化和硬度下降。因此，为了确保渗透干燥结果的一致性和标准化，必须考虑食品化合物的化学成分和浓度，特别是正在加工的水果或蔬菜的成熟度。

5.3.2.2　果蔬的厚度和组织特性

果蔬的厚度、果蔬组织的紧密程度、果实外皮的蜡质层厚度、初始不溶性固形物与可溶性固形物的含量、细胞间隙、酶活力高低、密度和多孔结构等都是影响渗透脱水效果的因素。渗透脱水是一个物质扩散的过程，扩散的均匀性受样品的几何形状和体积大小的影响，而扩散的均匀性又制约着渗透脱水所需要的时间。因此，浸入渗透溶液中的果蔬的几何形状和体积大小影响着物料与渗透溶液的接触面积，进而对渗透脱水率有影响。当物料被浸泡在高质量分数的溶液中，溶液中的溶质与物料中的水分互相渗透、交换和扩散，但这种扩散受物料内部阻力的影响，阻力的大小与渗透的厚度密切相关。果蔬的表皮含有蜡质成分，能严重阻碍渗透脱水，因此在脱水前需对其进行脱皮。另外，通过在果蔬组织外加糖衣来改善果蔬组织渗透性的方式，可以增加失水量，有效地提高渗透脱水速率。

5.4　预脱水处理

为改善及增强渗透脱水的效果，部分果蔬需经过适当的预处理才能进入正式的渗透脱水过程，预脱水处理的方式因产品特性而异，以下为常见的处理方式。

5.4.1 去皮处理

表皮组织对水和溶质的渗透性都很差，因此部分果蔬在渗透处理之前必须去除表皮。对于浆果和葡萄等不适合去皮的水果，需要通过在含有油酸乙酯的 NaOH 溶液中处理来实现其表皮渗透性的增强，再进行渗透干燥。

5.4.2 切块处理

由于果蔬的形状和大小会显著影响脱水过程的速率，大多数果蔬在与高渗溶液接触之前都会被切成小块。样品切块有不同的形式，虽然较小的切块可以使果蔬与渗透溶液接触更充分，有利于加速脱水过程，但同时也增加了营养物质流失的风险。因此，适当的切块大小可以在保证脱水效率的同时，最大限度地保留果蔬的营养成分。

5.4.3 烫漂处理

在渗透处理之前对水果和蔬菜进行烫漂会显著影响脱水效果，如对胡萝卜和马铃薯进行烫漂会减少水分流失，并增加固体含量，不利于脱水；蒸煮或微波烫漂草莓会影响产品挥发性，并且抑制呋喃酮酯的形成；对苹果块的高温短时间（high temperature short time，HTST）或低温长时间（low temperature long time，LTLT）的焯水工艺会导致其组织软化，对品质产生不利影响。因此，需要引起注意，部分果蔬在渗透脱水前不适合进行烫漂处理。

5.4.4 浸泡处理

部分果蔬在加工前进行浸泡处理可有效改善其品质。$CaCl_2$ 溶液由于能够抑制乙烯的生成且对炭疽杆菌有一定的抑制能力，能够延缓苹果果实的品质下降，因此在渗透脱水之前将苹果类水果浸泡在 $CaCl_2$ 溶液中可有效改善其品质；菠萝中含有生物碱，食用起来具有苦味，用 NaCl 溶液浸泡可以浸出一部分的生物碱，且 NaCl 溶液中丰富的金属阳离子可以抑制菠萝残留的苦味，使菠萝风味更佳；将切好的果块浸泡在抗坏血酸或柠檬酸溶液中，可以有效防止其组织褐变。因此，对于部分不同品种的果蔬，可在脱水处理前针对其特性选择合适的溶液进行浸泡处理。

5.5 渗透脱水的实际应用

与传统的以加热为主的干燥方式比较，渗透干燥（渗透脱水）的质量传递是一个自发过程，脱水速度相对较慢。渗透脱水传质过程的浓度差随时间逐渐减小，渗透过程的物质传递也会变慢。因此，需要考虑渗透脱水的影响因素，以获得比较快的渗透脱水速率，进而缩短渗透脱水所需的时间。渗透脱水在水果和蔬菜加工行业中有着广泛的应用。然而，这一脱水步骤通常不会产生具有较长保质期和稳定性的低水分含量产品。所以，为了获得相对稳定的产品，需要在不影响品质的前提下应用一些高新技术来增强渗透脱水过程中的质量传递，例如将渗透脱水技术与其他干燥方法（对流干燥、冷冻干燥、微波干燥或真空干燥）相结合。此外，在渗透脱水过程中，大量的水分以液态形式（而非气态形式）被去除，几乎不需要外部能源供应。因此，将渗透脱水与那些耗能的干燥技术协调起来，可以减少去除水分所需的能量，在节能方面具有一定的价值，能够使能源利用效率最大化，降低生产成本。本节将在能源效率角度上，讨论渗透脱水作为常规干燥方法带来的益处以及混合干燥的优势。

5.5.1 渗透脱水-热风组合干燥

大多数工业干燥都采用空气干燥，通过化石燃料燃烧加热空气，或者使用电加热器在产品前强制加热空气。对流干燥机约占工业干燥机的85%。在食品干燥工业中，空气加热是最耗能的过程。因此，低能源需求的新型技术的开发和应用对食品工业节省能源至关重要。节省能源可减少成本，提高利润。缩短干燥时间，避免热损失和热回收以及在实际干燥过程前降低水分含量等方式都可以被用来节省能源。

渗透脱水-热风组合干燥技术是一种将物料经过渗透脱水处理后，再利用热风对其进行干燥的工艺。在渗透脱水处理过程中，使水分自然地从原料中扩散出来，达到一定的含水率。然后，在热风干燥过程中，利用热风的热量蒸发物料表面的水分，使其快速干燥。

渗透脱水作为对流空气干燥的预处理阶段，可以去除原始水果或蔬菜中高达50%的水分，进而减少下一步加热和蒸发产品水分时的能源需求。

以苹果为例，假设新鲜苹果含水量为85%，需将其干燥至15%。经过渗透处理后，产品质量减少50%并注入10%固体（全部基于原始质量）后进行干燥。根据Kudra的研究，渗透脱水对流干燥没有恒定的速率周期，但可降低总能耗24%至75%。同样，在蔓越莓干燥过程中，起始水分含量约为87.4%，经过渗透脱水处理后可将水分降至50%，其水分含量大大降低。通过在对流干燥前进行渗透脱水处理，避免了高水分开始的传统干燥过程，减少了能量消耗。

这种组合干燥技术在食品、药品和化工等领域应用广泛，可以有效地干燥各种湿度不同的物料，提高生产效率和产品质量。

5.5.2 渗透脱水-冷冻组合干燥

冷冻干燥食品是一种很好的方法，尤其是对于易腐烂的材料，冷冻干燥可以长期维持原始特性并保证状态几乎不变。这种品质得以保持是降低温度、抑制生化反应和微生物活动以及降低水化学势（结冰）综合作用产生的结果。水果的冷冻干燥可对其货架期及可用性方面产生有利影响，但是，由于这一过程也伴随发生了多种不良变化。冷冻破坏了细胞的完整性，从而增加了发生不良的物理、化学和生化反应（褐变、质地变化和风味丧失等）的概率，在冷冻干燥期间，随着时间的推移，质量持续且不可逆转的损失。如需实现食品冷冻的优势最大化并将变质反应降至最低，则冷冻前处理、最佳冷冻速度的选择、适当的包装、正确和统一的储存温度以及随后的解冻速度至关重要。

渗透脱水-冷冻组合干燥是一种常用的食品干燥方法，尤其适用于蔬菜、水果等易腐食品。它的工作原理是先将食材内的水分通过渗透作用移除掉一部分，然后再通过冷冻将剩余水分冻结并凝固，最后在真空环境下利用干燥技术将水分从冷冻状态蒸发掉，实现对食材的干燥处理。与传统的冷冻干燥技术相比，采用渗透脱水技术具有以下特点。

能源消耗降低：渗透脱水技术可以降低食品冷冻和升华干燥过程中的能源消耗，有助于节约能源。

提高加工效率：经过渗透脱水处理后，果蔬的体积变小，可以提高冷冻干燥设备的负载和加工能力，进而提高生产效率。

保留品质：渗透脱水可以有效保留冷冻干燥产品的颜色、风味和营养成分，使产品在干燥过程中保持更好的品质。

在冷冻干燥过程中，因为新鲜食品中存在大量的水，所以冷冻时需要的能量也多。Robbers 等人进行了一项实验，评估猕猴桃在冷冻过程中渗透脱水的效果。他们首先将新鲜的猕猴桃浸泡在 68％（质量分数）的蔗糖水溶液中脱水 3 小时，然后将其置于风速为 3 m/s、温度为 -3℃的鼓风冷冻机中进行实验。实验表明，若脱水样品开始冷冻时的温度较低，则温度降至 18℃需要 19～20min，而未经渗透脱水处理的猕猴桃需要 23～24min，由此可见渗透脱水处理能缩短物料的冷冻时间。脱水食品含水量越低，其凝固点越低，冷冻时间越短——需要冷冻的水越少，需要除去的热量也就越少。这证实，减少食物的水分含量可以减少冷冻过程中的制冷负荷，这对降低能耗有积极的影响。

Liu 等人研究了不同操作条件对冻干操作三个阶段的火用（可用能量）损失的影响，并对冷冻干燥各个操作的能量分布和消耗进行了评估，结果显示，初级干燥的火用消耗达到 35.7％，蒸气冷凝的火用消耗达到 31.8％，真空泵的火用消耗达到 23.3％。根据这些数据，几乎 67％的总能量输入用于一次干燥步骤和蒸发器的冷凝。因此，通过渗透脱水减少需要冷冻的水分体积，可以最大限度地减少初级干燥和冷凝过程中需要蒸发的水分体积。因此，如果在冷冻前对物料进行浓缩处理，将很大程度上减少能源需求。

5.5.3　渗透脱水-真空组合干燥

渗透脱水-真空组合干燥是一种通常用于处理高含水量的物料的干燥技术，它结合了渗透脱水和真空干燥两种方法，可以有效地去除物料中的水分。

在真空干燥法中，食品同时受到低压和低热源（导电或辐射）的影响。真空允许水在比大气条件下更低的温度下汽化，因此食品可以在不暴露于高温的情况下干燥，并且干燥过程始终保持低氧水平，可有效减少氧化反应的发生。所以一般来说，真空或真空冷冻干燥产品的颜色、质地和风味都比风干产品有所改善。

压力驱动的流动是从食品中去除水分的主要机制，由于需要在干燥室中进行减压，该技术较昂贵，通常用作二次干燥器。真空干燥过程的持续时间主要取决于要去除水分的水平以及要保持的减压水平。通过在实际真空干燥前结合渗透处理，可以最大限度地减少从食品中去除水分所需的能量和减压，这种方法对水分非常丰富的水果和蔬菜更有利。对于水分活度和孔隙度较高的水果，更适宜应用渗透脱水。与大气渗透脱水相比，真空下的渗透脱水更有利。

Shi 等学者评估了真空对水果渗透脱水过程中传质的影响，他们证实，真空下的渗透脱水使得高孔隙度的水果在较低的溶液温度下获得更高的水传递扩散速率成为可能。Beaudry等学者比较了四种干燥方法（渗透真空、渗透微波、渗透冷冻和渗透对流），发现经过渗透真空处理的蔓越莓的干燥速率仅次于渗透微波干燥方法。而且，压力的降低会导致孔隙中封闭气体的膨胀和逸出，此时孔隙就可以被渗透溶液占据，从而提高传质速率。该过程有效地增加了传质表面积，非常有利于溶质的吸收。因此，真空压力下的渗透脱水相对于大气渗透脱水的优势在于固液界面面积和两相之间的传质可以增加。与传统真空干燥相比，渗透真空干燥法具有提高干燥速率、快速传质和减少能耗的优点。

5.5.4　渗透脱水-微波组合干燥

从能量的角度来看，传统的对流（热风）干燥是将一次能源转化的热能，以空气作为媒介，通过热空气与物料接触将其传递给物料，再由食品表面缓慢向内部扩散的一种干燥方法。热风干燥利用空气介质传热，物料内部水分转移到外部，当物料含水量降低到一定程度时，水分迁移的过程就会趋于停止；同时，受热物料表面温度高于物料中心，形成温度梯度，阻碍水分从中心往表面转移，从而导致热风的干燥速率变慢，且物料的表皮易硬化。

因其整体式的加热方式，微波辅助干燥被用来替代对流干燥。与对流干燥相比，微波干燥具有以下优点：不需要加热介质，速度快，体积加热，干燥效率高，干燥时间短，整个物料的能量分布更均匀，产品质量更高，能耗降低。然而，微波干燥过程可能具有非常高的资金成本；此外，该技术需要相对昂贵的电能。由于这些限制，它只用于干燥的最后阶段（完成干燥阶段）。

微波辐射通过改变电磁场，与食品材料中的极性水分子和离子相互作用，从而对湿材料产生快速的体积加热。与对流空气干燥相比，微波干燥提供了显著的节能效果，除了抑制处理材料的表面温度外，干燥时间可能减少高达50%。

有研究表明，在微波干燥之前进行预处理可以减少干燥时间，从而减少干燥成本。微波辅助对薄层胡萝卜进行对流干燥可使总干燥时间减少25%～90%。由于微波干燥特殊的加热行为和高加热效率，微波场已成功辅助许多干燥过程。这种新工艺已经成功地用于在低于54.4℃的温度下使100多种不同的水果、蔬菜和其他食物脱水。针对这些组合的研究表明，微波辅助干燥之前的渗透干燥导致更低的能耗和更好的干燥产品质量。从节约能源的角度来看，将渗透脱水与微波对流干燥相结合，有望生产节能型果蔬干制品。在微波干燥之前，渗透预部分脱水已经被广泛应用，它能缩短加工时间，降低能量消耗，并改善感官特性。

材料的介电特性是微波辅助干燥过程的关键控制因素。渗透处理降低了样品的含水量并增加了可溶固形物的含量，从而导致样品与新鲜样品相比，介电常数（ε_0）和损耗因子（ε''_{eff}）增加。介电材料中每单位体积转化为热量的电磁能量可以近似计算为：

$$P_v = \pi f \varepsilon_0 \varepsilon''_{eff} E^2 \tag{5-11}$$

式中　P_v——单位体积发热量，W/m^3；

　　　f——施加电磁波的频率，Hz；

　　　ε_0——真空介电常数，8.854×10^{12} F/m；

ε''_{eff}——物料的损耗因子；

E——电场强度，V/m。

由上式可知，微波加热时的功率耗散与材料的损耗因子 ε''_{eff} 成正比。因此，渗透预处理增加了损耗因子（ε''_{eff}），从而增强了样品的产热，加快了干燥过程的速度。Al-Harashan等学者对番茄的渗透脱水预处理进行了研究，最终提高了微波干燥番茄渣的速度。他们发现，产品的介电性能得到了修饰，损耗因子增加，介电常数降低。在研究中，所用盐溶液的浓度分别为 10% 和 15%，浴温分别为 20℃ 和 45℃。对蘑菇进行渗透脱水，结果表明，在微波干燥之前，经过渗透处理的样品会有 30% 的水分损失。由于渗透预处理的初始湿度含量较低，微波脱水的干燥时间可以减少 10%～20%。Prothon 等学者在 50%（质量分数）蔗糖中对苹果块进行渗透处理，然后在微波辅助干燥机中进行干燥，以证明达到 10% 水分所需的时间显著减少。

除了微波对流干燥技术，微波真空干燥技术在成本和食品质量方面也大有裨益。微波的使用有助于克服真空干燥中传热差的普遍问题，微波真空干燥的脱水速度很快。根据 Lin 等人的研究，用微波真空干燥将胡萝卜片从 91.4% 干燥到 10% 只需 33min，而用热风干燥和冷冻干燥则分别需要 8h 和 72h。Drouzas 和 Schubert 的研究表明，增加压力或微波功率水平会降低香蕉干片的最终质量，但随着微波功率水平的增加和压力的降低，干燥速度显著提高。

在微波真空干燥之前应用渗透处理以一种独特的方式结合了两种单元操作的优点：由于渗透脱水没有相变，即使稀释后的溶液需要通过蒸发重新浓缩，能耗也特别低。蔓越莓的干燥性能结果（定义为每单位供应能量的蒸发水质量）表明，微波真空干燥比微波对流干燥更节能。在此基础上，可以利用渗透与微波真空干燥相结合的混合技术，以更低的能源成本生产脱水的高品质产品。渗透脱水、微波能和真空的结合应用，可以在更短的时间内以更低的成本生产出与冷冻干燥性能相当的食品。与其他先进的干燥技术（即冷冻干燥）相比，微波真空干燥更经济，因为干燥速度快得多，因此可以在相同的工艺规模下实现更高的生产量或处理量。

渗透脱水-微波组合干燥技术在食品加工领域中具有重要意义，能够提高生产效率，保证产品品质，增加附加值，并在节能环保方面发挥积极作用。

【复习思考题】

1.渗透脱水技术在保持食品原有品质方面有哪些优势？请结合渗透脱水的基本原理进行解释。

2.在渗透脱水过程中，水分流失、溶质增益和固体损失是如何发生的？它们对最终产品的品质有何影响？

3.描述渗透脱水效率的计算方法，并讨论其重要性。

4.渗透脱水与其他干燥技术（如热风干燥、冷冻干燥、真空干燥和微波干燥）结合使用时，可以带来哪些好处？请结合具体实例进行分析。

5.讨论渗透脱水在提高能源利用效率方面的作用。

第6章 太阳能干燥

食品干燥中常用的方法包括自然晾晒和主动式太阳能干燥。自然晾晒简单廉价，但效率低、周期长、产品质量难以保证。主动式太阳能干燥利用太阳能集热器收集太阳辐射，通过控制干燥过程可以有效保证产品质量。依赖太阳辐射的特性也带来了停滞风险，如在阴天或夜间可能导致食品腐坏。因此，太阳能干燥技术的发展需要考虑充分利用太阳能资源，推动关键技术如相变蓄热技术的进步，以优化设计和提升应用效果。

6.1 太阳辐射的基本知识

6.1.1 太阳光谱

太阳辐射是指太阳向宇宙空间发射的电磁波和粒子流。太阳辐射的能量主要集中在波长 $0.15\sim4\mu m$ 之间。在这段波长范围内，又可分为三个主要区域，即波长较短的紫外区、波长较长的红外区和介于二者之间的可见光区。在波长 $0.475\mu m$ 的区域，太阳辐射的能力达到最高值（图 6-1）。

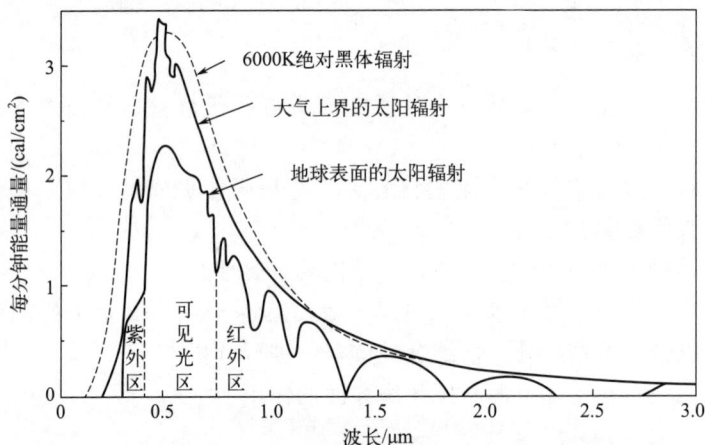

图 6-1 太阳辐射沿波长的分布曲线

$1cal \approx 4.19J$

6.1.2 到达地面的太阳辐射

地球大气中的气体和固液悬浮物对太阳辐射有吸收、反射和散射作用，减弱了到达地表的辐射。约 30% 的辐射以短波形式反射回空间，16% 被大气吸收，仅约 50% 的能量到达地表，成为人类开发利用的太阳能资源。到达地表的太阳辐射分为两部分：直接辐射是太阳以平行光线直接投射到地表的部分；散射辐射是指大气中的水汽凝结物和尘埃等散射中向下到达地表的那部分辐射，见图 6-2。

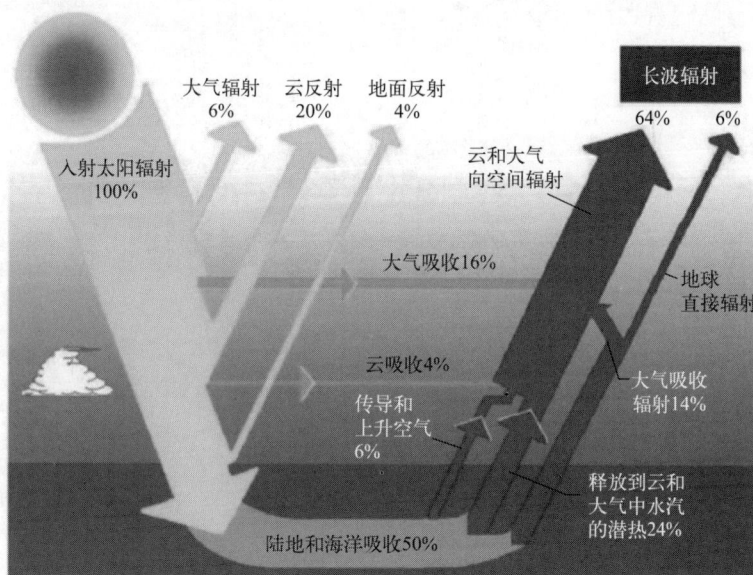

图 6-2　进入大气层及到达地表的太阳辐射

6.2 太阳能干燥的基本原理

太阳能干燥的能量来源于太阳辐射。太阳能干燥分为两个阶段：第一阶段是对空气加热，第二阶段是热空气把待干燥物料中的水分带走。加热空气有两种方法：一是直接加热空气，即把待干燥物料置于干燥室内，直接接收太阳辐射；二是间接加热空气，利用空气集热器把空气的温度升高，并降低待干燥物料的相对湿度。为使湿物品脱水，必须提供足够的热量使物品中的水分蒸发。只有当干燥器中湿物料吸收太阳辐射后，温度升高致使水分及时逸出物料表面，相应的物料表面水蒸气压强超过周围空气中的分压时，水分才会从湿物料表面蒸发。压差越大，干燥过程就进行得越快。因此干燥器不仅要满足升温的要求，还要采取措施通风排湿，及时将蒸发产生的水汽带走，尽量降低干燥器中空气的分压力。如果压差为零，就意味着干燥介质与物料的水汽达到平衡，干燥过程中止。

太阳能干燥有露天晾晒和借助太阳能干燥装置两大类。露天晾晒是一种利用太阳辐射直接加热食品物料的自然对流干燥方式，见图 6-3 (a)。该干燥过程是非稳态的，受到天气变化、太阳辐射强度、风速等外界因素的影响。为规避这些风险，人们采用了温室型太阳能干燥，将作物置于由四周具有保温能力的围护结构和顶部透明玻璃或塑料盖板的空间内。自然对流下温室内作物干燥原理如图6-3（b）所示。自然对流是由于温室空气和环境空气之间的温差产生的。水分蒸发的速率取决于作物和温室空气之间的蒸气压差。采用强制对流模式可以快速降低温室内的相对湿度，增加蒸气压差，进而加快物料干燥的速度，见图6-3（c）。

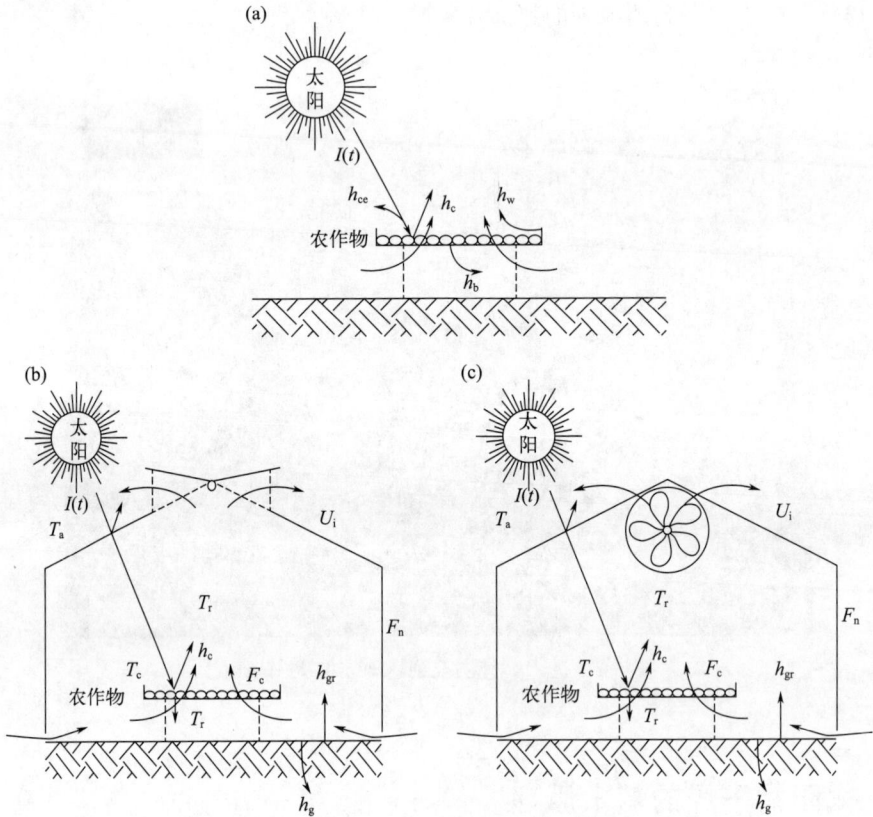

图 6-3　太阳能干燥的原理

（a）露天干燥；（b）自然对流下的温室干燥；（c）强制对流下的温室干燥

$I(t)$—水平面太阳辐射强度；T_a—外部环境温度；T_r—温室内部环境温度；T_c—作物温度；h_{ce}—作物表面的传热系数；h_w—风引起的对流换热系数；h_c—作物的对流换热系数；h_b—作物与下层空气间的对流换热系数；h_{gr}—温室地坪与周围环境间的传热系数；h_g—地坪与土壤间的传热系数；U_i—围护结构热损失系数；F_c—反射到作物的太阳辐射；F_n—北墙接收的太阳辐射

根据自然和强制对流条件下露天晾晒和温室太阳能干燥必须满足能量守恒的原则，可以建立预测作物温度变化和水分蒸发率的数学模型，这些模型考虑了太阳辐射吸收、热传导和对流等因素，有助于优化干燥过程并提高效率。这些能量平衡方程均基于以下假设：

① 薄层干燥；

② 忽略盖板和墙体的蓄热；

③ 不考虑温室内部的热分层；

④ 不考虑空气吸收率；

⑤ 温室为东西朝向。

6.2.1　露天干燥

露天晾晒粮食是最为古老的太阳能干燥。在干燥过程中，粮食中的水分接收太阳辐射转化的热量，并通过表面蒸发。能量平衡方程为：

$$\alpha_c I(t) A_c - h_{ce}(T_c - T_e) A_c - 0.016 h_c [P(T_c) - \gamma_e(T_e)] A_c -$$

$$h_b(T_c - T_a) A_c = M_c C_c \frac{dT_c}{dt} \tag{6-1}$$

粮食周边湿空气的能量平衡方程：

$$h_{ce}(T_c - T_e) A_c + 0.016 h_c [P(T_c) - \gamma_e P(T_e)] A_c = h_w(T_e - T_a) A_c \tag{6-2}$$

水分蒸发量可表示为：

$$m_{ev} = 0.016 \frac{h_c}{\lambda} [P(T_c) - \gamma_c P(T_e)] A_c t \tag{6-3}$$

式中　α_c——被干燥物料表面吸水率；

$I(t)$——水平面上的太阳辐射强度，W/m^2；

A_c——被干燥物料表面积，m^2；

h_{ce}——被干燥物料与环境之间的对流传热系数，$W/(m^2 \cdot ℃)$；

T_c——被干燥物料的温度，℃；

T_e——被干燥物料表面上方的温度，℃；

h_c——被干燥物料的对流传热系数，$W/(m^2 \cdot ℃)$；

$P(T_c)$——温度为 T_c 时被干燥物料表面蒸汽分压，N/m^2；

γ_e——被干燥物料表面上方的空气相对湿度，%；

$P(T_e)$——温度为 T_e 时被干燥物料表面蒸汽分压，N/m^2；

h_b——作物与空气之间的对流传热系数（底部损失），$(W/m^2 \cdot ℃)$；

T_a——环境温度，℃；

M_c——被干燥物料的质量，kg；

C_c——被干燥物料的比热，$J/(kg \cdot ℃)$；

h_w——风引起的对流传热系数，$(W/m^2 \cdot ℃)$；

m_{ev}——蒸发水分，kg；

λ——汽化潜热，J/kg；

γ_c——被干燥物料的空气相对湿度，%；

t——干燥时间，s。

6.2.2　自然对流模式下的温室干燥

粮食表面能量平衡方程：

$$(1 - F_n) F_c \alpha_c \sum I_i A_i \tau_i = M_c C_c \frac{dT_c}{dt} + h_c(T_c - T_r) A_c +$$

$$0.016h_c \left[P(T_c) - \gamma_r P(T_r) \right] A_c \qquad (6\text{-}4)$$

地面能量平衡方程：

$$(1 - F_n)(1 - F_c)\alpha_g \sum I_i A_i \tau_i = h_{g\infty}(T|_{x=0} - T_\infty)A_g + $$

$$h_{gr}(T|_{x=0} - T_r)(A_g - A_c) \qquad (6\text{-}5)$$

温室能量平衡方程，方程引用了温室空气和环境空气的温差所引起的扩散系数和水蒸气分压差：

$$(1 - F_n)(1 - F_c)(1 - \alpha_g) \sum I_i A_i \tau_i + h_c(T_c - T_r)A_c + $$

$$0.016h_c \left[P(T_c) - \gamma_r P(T_r) \right] A_c + h_{gr}(T|_{x=0} - T_r)(A_g - A_c) \qquad (6\text{-}6)$$

$$= C_d A_v \sqrt{2g\Delta H}\,\Delta P + \sum U_i A_i(T_r - T_a)$$

$$\Delta H = \frac{\Delta P}{\rho_r g}$$

$$\Delta P = P(T_r) - \gamma_a P(T_a)$$

式中　F_n——北墙的太阳辐射分数；

　　　F_c——被干燥物料的太阳辐射分数；

　　　I_i——温室第 i 个墙/屋顶上的太阳辐射强度，W/m^2；

　　　A_i——温室第 i 个墙/屋顶的面积，m^2；

　　　τ_i——温室第 i 个墙/屋顶的透射率；

　　　T_r——温室内空气温度，℃；

　$P(T_r)$——温度为 T_r 时被干燥物料表面蒸汽分压，N/m^2；

　　　γ_r——空气相对湿度，%；

　　　α_g——温室地面的吸收率；

　　$h_{g\infty}$——温室地面至地表的对流传热系数，$W/(m^2 \cdot ℃)$；

　　　A_g——温室地面面积，m^2；

　　h_{gr}——温室地面至温室空间的对流传热系数，$W/(m^2 \cdot ℃)$；

　　　C_d——扩散系数，m^2/s；

　　　A_v——湿空气通风面积，m^2；

　　　g——重力加速度，m/s^2；

　　ΔH——压头差，m；

　　ΔP——分压差，N/m^2；

　　　ρ_r——温室内空气密度，kg/m^3；

　　　U_i——温室第 i 个墙/屋顶上的总热量损失，$W/(m^2 \cdot ℃)$。

6.2.3　强制对流模式下的温室干燥

在强制对流模式下，粮食表面水分蒸发的能量平衡方程以及温室内部的能量平衡方程分别与式（6-4）和式（6-5）相同，式中各符号含义与式（6-4）～式（6-6）保持一致。

温室能量平衡方程则引用了温室空气和环境空气的温度差引起的扩散系数和水蒸气分压差：

$$(1-F_n)(1-F_c)(1-\alpha_g)\sum I_i A_i \tau_i + h_c(T_c-T_r)A_c +$$
$$0.016h_c[P(T_c)-\gamma_r P(T_r)]A_c + h_{gr}(T|_{x=0}-T_r)(A_g-A_c) \quad (6-7)$$
$$=0.33NV(T_r-T_a)+\sum U_i A_i(T_r-T_a)$$

式中　N——温室内每小时换气次数，h^{-1}；

　　　V——温室体积，m^3。

6.3　太阳能干燥装置

6.3.1　太阳能干燥装置分类

依据干燥装置利用太阳辐射的方式可将其分为主动式太阳能干燥器和被动式太阳能干燥器两大类，这两类太阳能干燥器下又可分出三个相同的子类别：间接式、直接式与混合式，见图 6-4。实际工程中的太阳能干燥器其个体形式各异，但基本上都包括以下部件：物料干燥的空间，如室、隧道等；用以加热空气的加热设备，如太阳能集热器；空气循环设备，如风机；管路、测速元件、附件；热交换器（传热介质为水时）；蓄热装置（多用于较大的干燥器）。

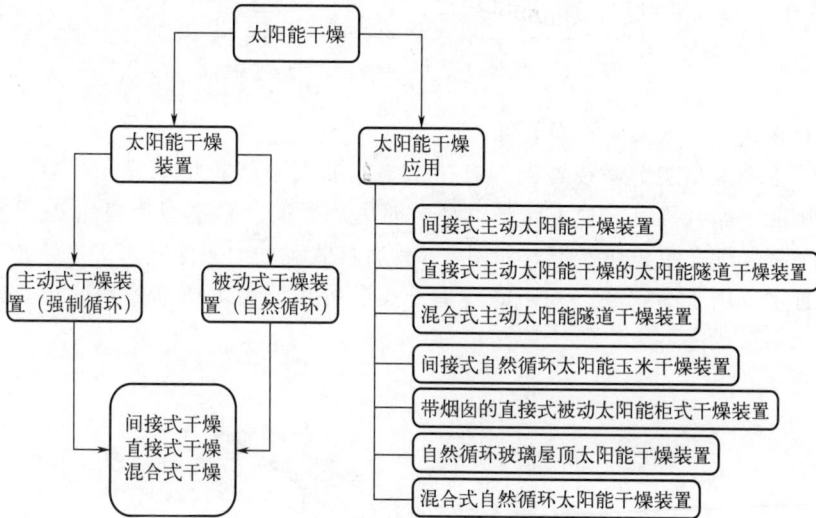

图 6-4　太阳能干燥装置分类

6.3.1.1　主动式太阳能干燥装置

主动式太阳能干燥装置需要使用机械设备（风机或者排风扇）强制循环，驱动外界空气进入太阳能集热器进行加热后进入干燥室，进而对物料进行干燥。太阳能集热器多采用空气集热器，少部分采用热水为传热介质。主动式太阳能干燥装置热湿交换效率高，干燥周期短，适用于干燥水分含量较高的果蔬等农产品及食品，如木瓜、茄和花椰菜片。

（1）间接式主动太阳能干燥装置

它们通常由四个基本部件组成，即太阳能空气加热器、干燥室、空气循环风扇和管道。由于分离式空气加热单元，通过控制空气流速容易获得更高的温度。不过，由于收集器的效率在温度更高时下降，所以必须确定最佳温度和气流速率，从而实现具有成本效益的设计。如图6-5所示为一个典型间接式主动太阳能干燥装置。风机或泵将环境空气吸入玻璃管道中，吸收面通过吸收太阳辐射，与管道中的空气进行换热，干燥后的空气进入干燥室中，与被干燥的物料进行热交换，换热后的空气由出口送出。其中，风扇的主要目的是在干燥柜中保持所需的流速，从而使潮湿材料中的水分均匀蒸发，在收集器中收集热量，保持负压，减少热量损失。

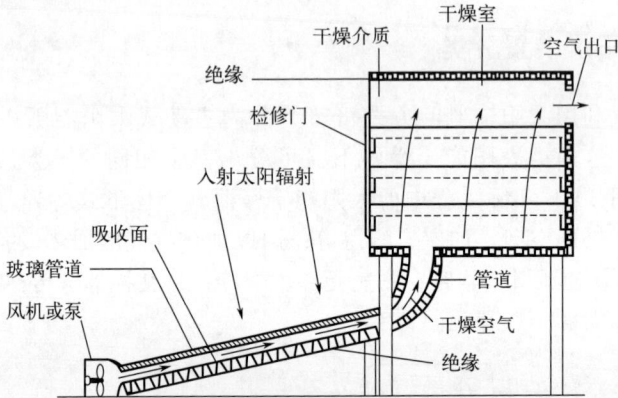

图 6-5　典型间接式主动太阳能干燥装置

（2）直接式主动太阳能干燥装置

直接式主动太阳能干燥装置设计有一个集成的太阳能收集单元。一般来说，直接式主动太阳能干燥装置有三种不同的类型，即集热器型、温室型和集热器-温室型干燥装置。本节将详细介绍集热器型，如图6-6为直接式主动太阳能隧道干燥装置，这种隧道干燥装置主要用于小农场。太阳能隧道干燥装置主要由太阳能模块、集热器、隧道干燥室和风扇组成。

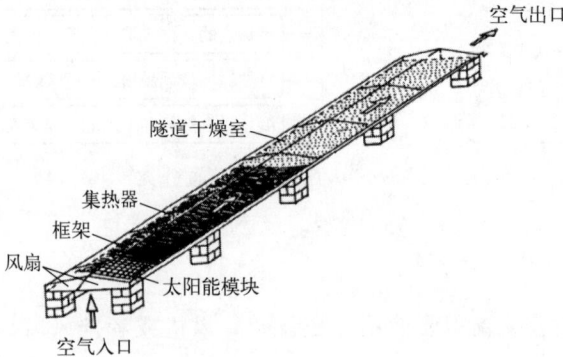

图 6-6　直接式主动太阳能隧道干燥装置

该装置利用太阳能将空气加热，并将加热后的空气通过通道引导到干燥室内，从而实现干燥物料的目的。这种装置可以应用于农业、食品加工等领域，用于干燥谷物、果蔬、木材等物品。通过直接利用太阳能，不仅节能环保，还可以降低干燥成本，提高生产效率。

（3）混合式主动太阳能干燥装置

混合式主动太阳能干燥装置结合了太阳能与传统能源或某种辅助能源的特点，可以与任何一种能源组合使用或以单一模式使用。这些干燥装置一般是中型至大型设备，配有辅助加热系统和控制系统，使其工作范围稳定在 $50\sim60℃$，补偿了温度波动引起的不确定性。如图 6-7 所示是一个典型的混合式主动太阳能干燥装置，该系统在晴天时，依靠入射太阳辐射照射干燥室内，通过热空气循环来提高隧道内的温度，内部产生自然对流空气室，环绕着干燥隧道进行物料干燥。生物质燃烧器则作为太阳能的补充，确保在太阳能不足时，如多云天气或夜晚时，环境空气直接从南侧外部吸入，由风扇推动通过热交热器，同时被管内流动的燃烧气体间接加热，加热后的空气进入干燥室进行物料干燥，干燥后的空气从干燥器的北壁排出，剩余的较冷的燃烧气体由烟囱排放到环境中。

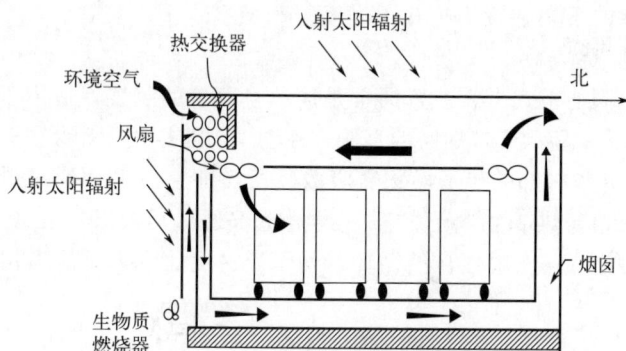

图 6-7　混合式主动太阳能干燥装置

6.3.1.2　被动式太阳能干燥装置

在被动式太阳能干燥装置中，空气通过浮力或风压或两者的组合自然加热和循环。正常和反向吸收式柜式干燥装置和温室式干燥装置在被动模式下运行。被动式干燥装置适合干燥小批量的水果和蔬菜，如香蕉、菠萝、芒果、马铃薯、胡萝卜等。

（1）间接式被动太阳能干燥装置

间接式被动太阳能干燥装置是利用太阳能加热某种介质（通常为空气），然后用该介质加热待干燥的物料。为了增加干燥装置的容量，即在可用区域内使用一层以上带有作物的托盘，托盘通常放置在垂直支架中，在连续托盘之间留有一定空间。由于托盘的这种布置，空气运动产生的额外阻力是通过"烟囱效应"实现的。"烟囱效应"增加了空气的垂直流动，增强通风的效果，有效地排出室内热空气，使室内气温均匀分布，避免局部过热现象的发生。用于干燥作物的典型间接式被动太阳能干燥装置如图 6-8 所示，主要包括太阳能集热器玻璃盖板、绝热板、未绝缘屋顶、干燥箱、烟囱以及装货门和卸货门。

（2）直接式被动太阳能干燥装置

在典型的直接式被动太阳能干燥装置中，作物直接暴露在太阳辐射下，可以加深

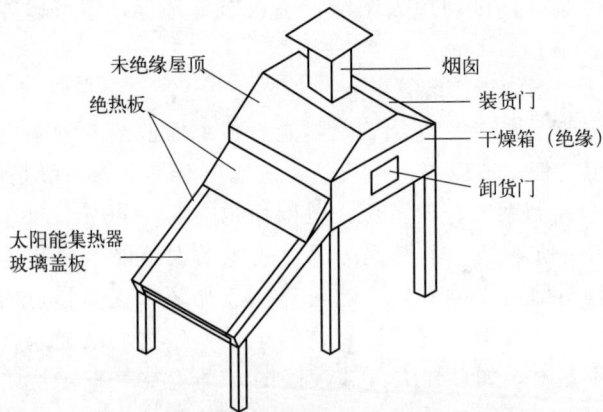

图 6-8 间接式自然循环太阳能玉米干燥装置

某些葡萄、咖啡品种所需的颜色成熟度，并在烘干过程中形成完整的风味。这一类别中的两种基本类型的干燥装置为柜式干燥装置和温室式干燥装置。

① 柜式干燥装置

直接式被动太阳能柜式干燥装置通常是简单且廉价的装置，适用于农产品、香料和草药等的干燥。图 6-9 显示了带烟囱的直接式被动太阳能柜式干燥装置。用于干燥的热量通过玻璃罩传递，并被内部的待干燥物料吸收。所需的空气循环通过浮力作用实现，新鲜空气来自底座入口，烘干物料后的空气通过上部通风口离开。在顶部设置一个黑色PVC 箔（烟囱吸热器），以增强自然循环，使干燥速度比露天干燥加快了约 5 倍。

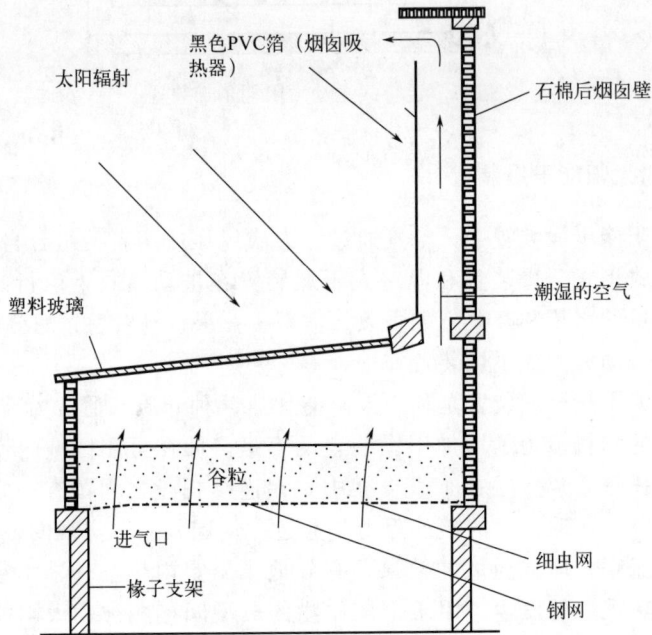

图 6-9 带烟囱的直接式被动太阳能柜式干燥装置

② 温室式干燥装置

温室式干燥装置设计有尺寸、位置一定的通风口，以控制气流的大小及方向。如

图 6-10 所示自然循环玻璃屋顶太阳能干燥装置，冷空气通过打开状态下的百叶窗进入系统内，太阳辐射通过倾斜的玻璃屋顶与内部空气进行热量交换，屋顶上的屋脊盖（边帽）用于排出空气。

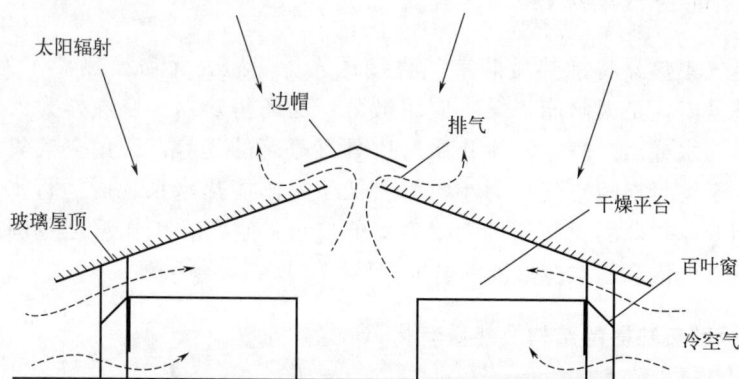

图 6-10　自然循环玻璃屋顶太阳能干燥装置

（3）混合式太阳能干燥装置

混合型太阳能干燥装置具有与间接式和直接式相同的典型结构特征（即太阳能集热器、独立的干燥室和烟囱）。此外，干燥室内有玻璃墙，因此太阳辐射直接照射在产品上，如图 6-11 所示。混合式被动式太阳能干燥装置通过太阳能集热器收集太阳能，并利用太阳能产生的热能提供干燥过程中所需的热量。同时，它还利用通风孔和自然对流，实现空气循环，使热空气通过湿物品，加速蒸发和干燥。储热系统的加入进一

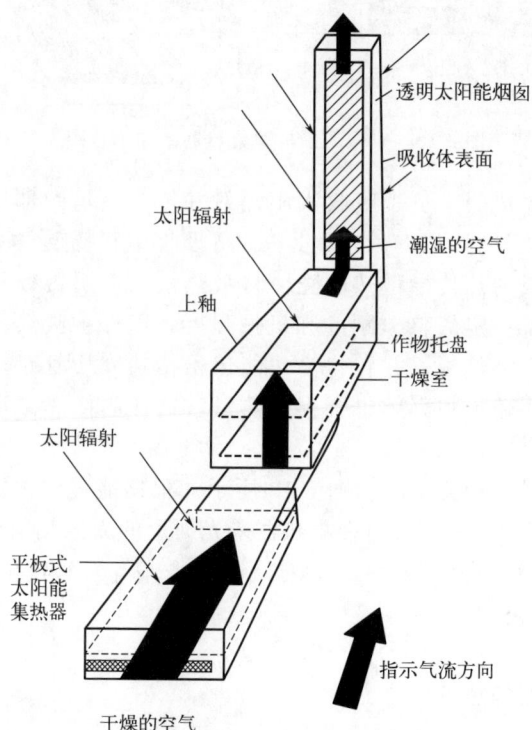

图 6-11　典型混合式自然循环太阳能干燥装置

步增加了太阳能干燥装置的稳定性和可靠性，使其能够在连续供能的情况下持续进行干燥操作。

6.3.2　太阳能空气集热器

太阳能空气集热器将加热后的空气直接送入干燥室，无需换热器作为中间环节，系统构成简单紧凑，是太阳能干燥中应用最为广泛的集热器。空气作为太阳干燥系统中的工作介质与水或乙二醇等液体介质对比具有显著的优势：采用空气集热器的太阳能干燥系统由于运行期间空气压力小，大大低于太阳能热水系统的运行水压，因此设备管路可采用壁厚较薄的材料，可大幅度降低造价；空气在工作温度范围内不会因相变而冻结，没有泄漏和乙二醇溶液的腐蚀问题。

6.3.2.1　平板型集热器的结构及能量转化

平板型集热器分为有盖板和无盖板两种类型。平板型集热器内部可以通过水、制冷剂、空气等工作流体传递热量。对于平板型集热器来说，辐射照射到具有高吸收率表面的透明盖板上，平板吸收部分辐射能，进而转化为热量，然后通过管道传输到传输介质中储存或使用。图 6-12 给出了平板型集热器的结构示意图，其主要由透明玻璃盖板、吸热板、管路、隔热层和壳体构成。

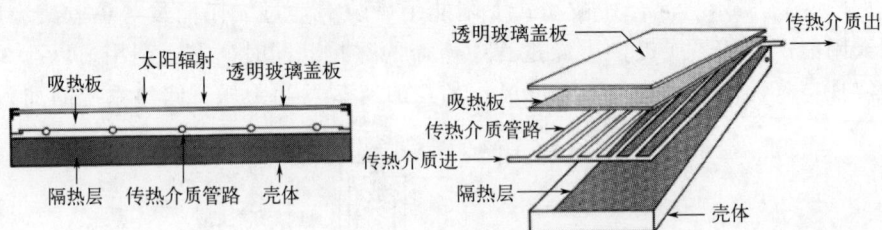

图 6-12　典型的平板型集热器结构示意图

吸热板是平板型集热器中负责吸收太阳辐射并传递热量的部件。透明玻璃盖板是覆盖在吸热板上的透明材料，具有高透过率、高吸收率和低反射率。隔热层主要起到保温作用，抑制吸热板的热传导散热。壳体将吸热板、透明盖板和隔热层装配成一个完整的集热器，并具备一定的整体刚度和机械强度，以保护吸热板和隔热层。太阳辐射能通过透明盖板进入吸热板，并转化为热能传给传热介质管路，然后传热介质带着热能流出集热器。透明盖板和壳体也会损失热量。这样的换热循环一直持续到集热器达到热平衡状态为止。

平板型集热器能量平衡关系图如图 6-13 所示。根据能量守恒定律，单位时间集热器获得热量 Q_s 等于相同时间内投射在集热器采光面上的太阳辐射能 Q_A 减去集热器的总散热损失 Q_L（包括辐射热损失 $Q_{l,o}$ 和对流热损失 $Q_{l,h}$）和输出的有用能 Q_u。则集热器的能量守恒方程为：

$$Q_s = Q_A - Q_L - Q_u \tag{6-8}$$

单位时间内集热器的热量变化为：

$$\mathrm{d}Q_s = (M_C)\frac{\mathrm{d}T}{\mathrm{d}t} \tag{6-9}$$

式中 M_C——集热器热容量，J/℃；

T——集热器温度，℃；

t——时间，s。

投射在集热器采光面上的太阳辐射能为：

$$Q_C = A_C(\tau\alpha)_e I_T \tag{6-10}$$

集热器采光面上入射太阳总辐射强度为：

$$I_T = (\tau\alpha)_B I_{BT} + (\tau\alpha)_D I_{DT} + (\tau\alpha)_R I_{RT} \tag{6-11}$$

式中 A_C——集热器采光面积，m^2；

I_T——集热器采光面上的入射太阳总辐射强度，W/m^2；

$(\tau\alpha)_e$——吸热板-透明盖板的有效透过率与吸收率乘积；

I_{BT}、I_{DT}、I_{RT}——倾斜集热面上的太阳直射辐射强度、散射辐射强度和反射辐射强度，W/m^2；

$(\tau\alpha)_B$、$(\tau\alpha)_D$、$(\tau\alpha)_R$——吸热板-透明盖板对直射辐射、散射辐射和反射辐射的有效透过率与吸收率的乘积。

集热器的总散热损失可由下式计算：

$$Q_L = A_C U_L (T - T_a) \tag{6-12}$$

式中 U_L——集热器总热损失系数，$W/(m^2 \cdot ℃)$；

T_a——环境温度，℃。

集热器输出的有用能可由式（6-13）计算：

$$Q_u = A_C [I_T - U_L(T - T_a)] \tag{6-13}$$

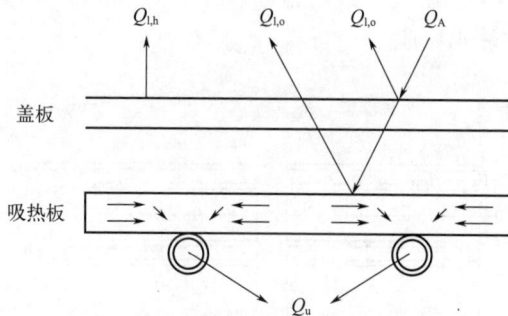

图 6-13 平板型集热器能量平衡示意图

6.3.2.2 平板型集热器的改进

太阳能空气集热器的性能是决定太阳能干燥系统优劣的关键。集热器的空气流道有不同的形式，其中最常见的是：空气在透明盖板和吸热板之间流动；气流在吸热板下方和隔热层之间流动；以及空气从吸热板（悬浮板）两侧流过（图6-14），配置悬浮板的太阳能空气集热器可有平行通道和双通道两种形式。

必须指出的是，空气的热容较低，导热性能较差，因此其传热系数低于水和乙二醇等液体，导致效率降低和温度范围低。干燥系统中的空气集热器（solar air heater，SAH）能效范围在28%至62%之间，可通过增加翅片、改进流道设计、表面粗糙化、增加折流板（形成湍流）等措施加强SAH的传热性能。

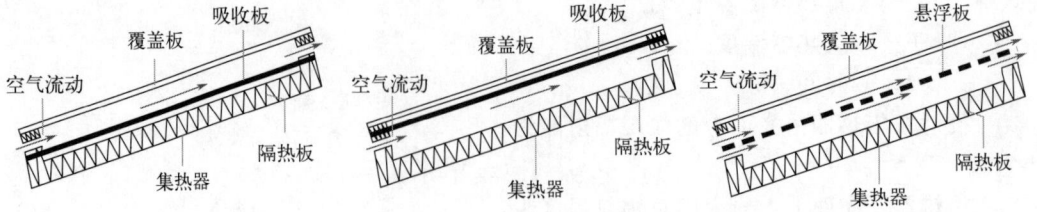

图 6-14　不同型式流道的太阳能空气集热器

6.3.2.3　真空管集热器

真空管集热器是一种由若干真空管排列组成的管状集热器，用于提高介质温度。真空管中的真空或抽真空空间可让太阳辐射能进入，在获得辐射能的同时减少热量散失。真空管可由玻璃或金属制成，固定在支架上，将从太阳光中收集的热能输送到介质中。

真空管集热器相对于平板型集热器有更高的效率和适应性，但结构较为复杂。由于真空管内形成真空层，能够很好地隔热，减少热量的散失。而平板型集热器多数情况下没有隔热层，热量散失相对较多，效率低一些；真空管在较低太阳辐射条件下仍然可以工作，比如在冬季或阴天，因此更为可靠，能够一直提供热量。而平板型集热器由于较低的效率，在低太阳辐射条件下可能无法满足干燥的需求。

目前常用的真空管有全玻璃真空集热管、热管式真空集热管、U 形管真空集热管等。从真空集热管这一点上讲，它们的基本原理是完全一样的。以全玻璃真空集热管为例，组成结构如图 6-15 所示。玻璃内、外管的一端封接，内管的另一端采用弹簧支架与外管固紧。内管的外壁在磁控溅射镀膜机中镀一层选择性吸收膜。内、外管之间抽真空，就像拉长了的热水瓶胆。

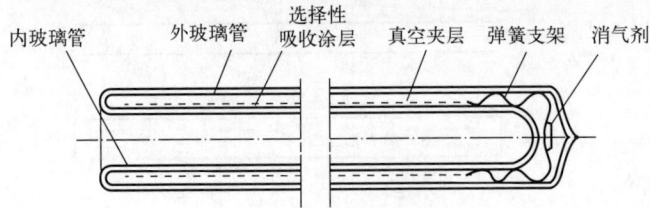

图 6-15　全玻璃真空集热管结构图

全玻璃真空集热管的一端开口，将内玻璃管和外玻璃管的管口进行环状熔封；另一端分别封闭成半球形圆头，内玻璃管用弹簧支架支撑于外玻璃管上，以缓冲热胀冷缩引起的应力。将内玻璃管和外玻璃管之间的夹层抽成高真空。在外玻璃管尾端一般黏结一只金属保护帽，以保护抽真空后封闭的排气嘴。内玻璃管的外表面涂有选择性吸收涂层。弹簧支架上装有消气剂，它在蒸散以后用于吸收真空管集热器运行时产生的气体，起保持管内真空度的作用。

全玻璃真空集热管的工作原理和平板型集热器大致相同。真空集热管的外玻璃管相当于平板型集热器的透明盖板，而其内玻璃管则相当于平板型集热器的吸热板。取单根集热管，根据能量平衡原理，集热管的能量方程为：

$$Q_A = Q_u + Q_L + Q_s \tag{6-14}$$

式中　Q_A——投射到集热管上的入射太阳辐射能，W；

　　　Q_u——集热管的有用能量收益，W；

　　　Q_L——集热管向环境的热损失，W；

　　　Q_s——集热管自身的储能，W。

6.3.3　太阳能干燥装置的蓄热

当谈到热量吸收和释放的过程时，有两种常见的蓄热方式，即显热蓄热和相变蓄热，其他的蓄热方式，如化学蓄热和吸附蓄热在实际工程中少有应用。本节将重点描述太阳能的显热蓄热和太阳能的相变蓄热。

显热蓄热物质在吸收或释放热量时不发生相变。它可以进一步分为液体显热蓄热和固体显热蓄热两种类型。相变蓄热在物质发生相变（如固液相变或液气相变）时，单位质量的物质吸收或释放热量。这些过程都是热量传递和储存中重要的现象，对于热能利用和储存技术有着重要的意义。

6.3.3.1　太阳能的显热蓄热

液体显热蓄热是指液体物质通过吸收或释放热量来改变其温度，而不发生相变。举例来说，当我们在加热水时，水温会逐渐升高直到达到沸点。在这个过程中，水吸收了热量，但并没有发生相变。固体显热蓄热是指固体物质在吸收或释放热量时也不发生相变，而是通过改变其温度来吸收或释放热量。一个常见的例子是在加热金属块时，金属的温度会逐渐升高，而金属仍然保持固态。本小节将着重介绍以水为蓄热介质的三种典型液体蓄热系统以及带岩床蓄热的固体显热蓄热系统。

（1）液体显热蓄热

水是一种理想的蓄热介质，既可用于吸热流体，也可作为传热介质。其高比热容和液体状态使其在输送热量时能更有效地消耗能量。由于水的沸点限制，蓄热温度上限有一定的限制，但下限可根据负载需求进行调整。

以水为介质的蓄热系统典型的储水量为每平方米集热器面积 40～80 升。加压储水时，热交换器总是位于水箱的集热器一侧。可以使用内部或外部热交换器配置。如图 6-16 所示，包含两种内部换热器：浸入式盘管和浸入式管束。蓄热系统储存的热水用于干燥介质空气升温。

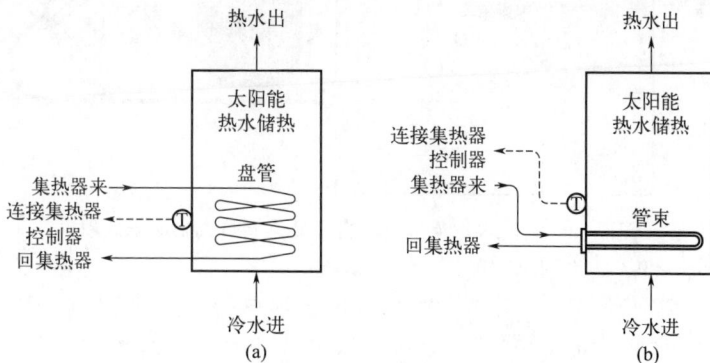

图 6-16　带内部换热器的太阳能加压热水蓄热系统

（a）浸入式盘管换热器；（b）浸入式管束换热器

　　有时，干燥所需蓄热量较大，则会使用多个储水容器代替单一容器。原因是额外的容器能增加热交换器的表面积（当每个容器内都使用换热器时），并减少收集回路中的压降。而蓄热容器外部布置热交换器则提供了更大的灵活性，因为水箱和热交换器可以独立于其他设备进行选择（图 6-17）。使用外部热交换器时，可安排一个旁路，将冷流体引到热交换器周围，直到其被加热到 25℃ 左右的可接受水平。当导热流体被加热到这一温度时，它就可以进入热交换器，而不会造成冻结。

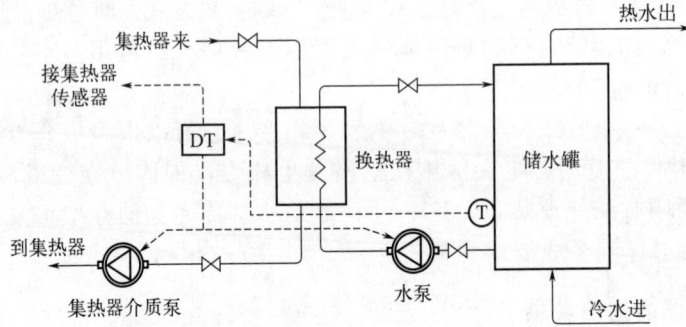

图 6-17　带外部换热器的太阳能加压热水蓄热系统

　　Luna 等团队研发了一种利用水作为蓄热材料的显热储热太阳能干燥器（图 6-18），用于干燥物料。这个系统主要包括四个部分：干燥室、太阳能（空气）集热器、太阳能（水）集热器和蓄热单元。蓄热单元由交换储存单元和加热单元组成，利用水作为蓄热流体，空气作为换热流体。太阳能（水）集热器中储存的热量一部分用于加热空气以干燥物料，另一部分用于加热蓄热单元以实现热能储存，蓄水箱中包括多个竖管，

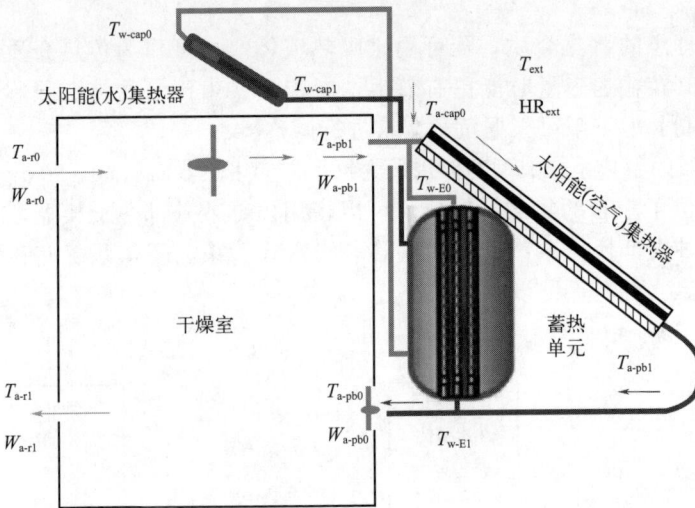

图 6-18　利用水作为蓄热材料的显热储热太阳能干燥器

T_{a-r0}—干燥室入口空气温度；W_{a-r0}—干燥室入口空气湿度；T_{a-r1}—干燥室出口空气温度；
W_{a-r1}—干燥室出口空气湿度；T_{a-pb0}—储热单元入口空气温度；W_{a-pb0}—储热单元入口空气湿度；
T_{a-pb1}—储热单元出口空气温度；W_{a-pb1}—储热单元出口空气湿度；T_{w-E0}—储热单元入口水温；
T_{w-E1}—储热单元出口水温；T_{w-cap0}—太阳能集热器入口水温；T_{w-cap1}—太阳能集热器出口水温；
T_{a-cap0}—集热器入口空气温度；T_{a-pb1}—集热器出口空气温度；T_{ext}—环境温度；HR_{ext}—环境湿度

其中包括从干燥室中回收的废热气体通道。该系统大幅提高了太阳能利用效率，对食品的节能干燥具有重要意义。

（2）固体显热蓄热

固体显热蓄热技术是一种利用固体材料的比热容来储存太阳能的技术。在这种技术中，太阳能通过集热器收集后，将热量传递给固体储热材料，如混凝土、岩石或特殊的陶瓷材料，这些材料在升温时吸收热量，在需要时释放热量以供使用。固体显热蓄热系统通常具有结构简单、成本较低和技术成熟等优点，适用于季节性或昼夜温差较大的地区，可以有效地解决太阳能的间歇性问题。

填充床是一种在热能存储系统中使用的多孔介质，它通过将特定材料的颗粒填充到容器中来捕获和存储热能。储热岩石具有体积热容大、传热系数高、孔隙率低、压降低以及成本低等优势。储热岩石的关键特性指标如表 6-1 所示。

表 6-1　储热岩石的关键特性指标

储存介质	温度范围	体积比热容/[kJ/(m³·K)]	密度/(kg/m³)	导热系数/[W/(m·K)]
石灰岩	160℃以下	1842	2697	2.82±0.06
海相硅质岩	160℃以下	1857	2776	3.60±0.21
钙质砂岩	160℃以下	1735	2661	4.36±0.15
辉长岩	160℃以下	1872	2911	2.05±0.08
石英岩	160℃以下	1634	2615	5.39±0.07

下面我们以一种带卵石床蓄热系统的太阳能干燥器为例展开介绍，如图 6-19 所示。除了向干燥室供应热空气的太阳能加热部分外，还使用单独的太阳能空气加热部分向岩床储存系统提供热能。

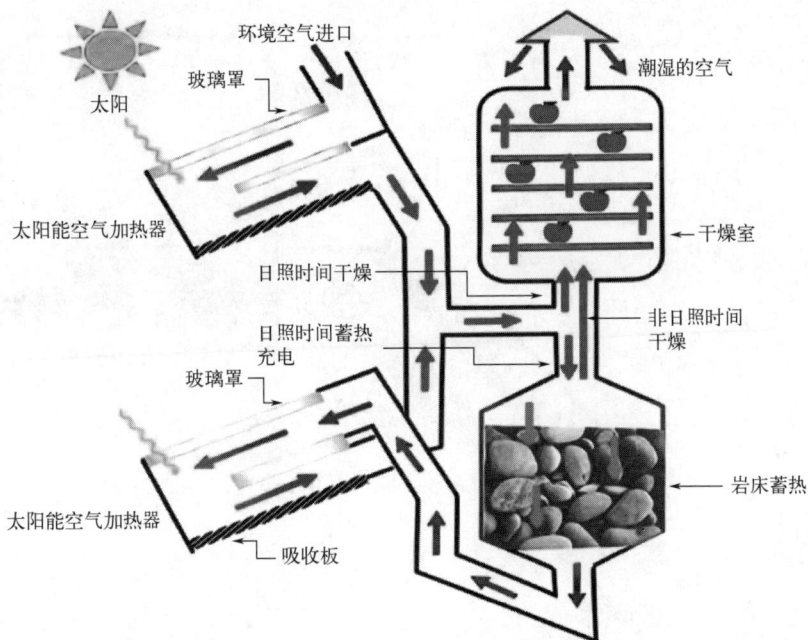

图 6-19　集成空气收集器和岩床的太阳能干燥系统

这种双太阳能加热部分的配置使整个干燥系统更灵活地应对波动的天气。在太阳能空气加热器无效的非日照时间，岩床储存为空气提供足够的热能，以继续干燥过程。此外，该干燥器还安装了一个烟囱，为进入的热空气创造一个自然的向上气流，有利于通风系统的加热和通风。

6.3.3.2　太阳能相变蓄热

相变材料（phase change material，PCM）是一种潜热储能材料，它可以通过从固态变为液态或从液态变为固态来储存或释放大量热量。PCM 的选择对太阳能干燥系统的应用非常重要。相变材料可分为有机、无机和混合三类，如表 6-2 所示。在相变材料的主要特性中，热循环稳定性是至关重要的，基本特性指标包括体积比热容、毒性与否和传热率。

表 6-2　PCM 的关键特性

储存介质		熔解热/(kJ/kg)	毒性
有机相变材料	石蜡	190～260	无毒、易燃
	非石蜡（脂肪酸）	130～250	低腐蚀性，高度易燃
无机相变材料	水合盐，金属	100～200	具有腐蚀性
混合相变材料（有机、无机的二元或多元组合）	共晶	100～230	取决于成分

由于 PCM 的独特优势，其可应用于各种热应用，包括制冷和空调、建筑供暖和食品干燥。下面将详细介绍 PCM 在食品干燥领域中的应用，如图 6-20 所示是一种基于 PCM 蓄热的太阳能干燥系统。该干燥器是以 PCM 作为蓄热介质，V 形槽波纹吸热板作为能量收集单元，以提高对流传热率，从而提高干燥效率。PCM 材料内置在太阳能

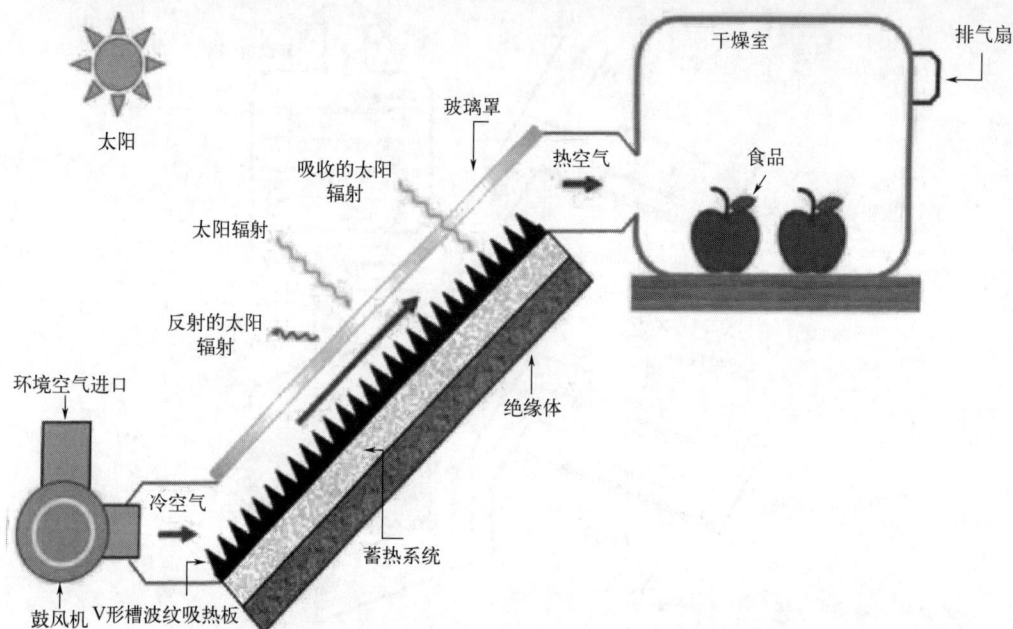

图 6-20　基于 PCM 蓄热的太阳能干燥系统

收集器的背面绝缘层和 V 形槽波纹吸热板之间。在高峰时段，蓄热器吸收多余的热量，并按需释放。通过这种双重增强，可以实现食品材料的长时间干燥，从而使干燥器更高效，干燥产品更可接受。PCM 的选择对太阳能干燥器的应用非常重要。相变材料可分为有机、无机和共晶。在储存物质的主要要求特性中，频繁循环情况下的热物理稳定性被认为是至关重要的，其基本特征是体积热容、无毒性和传热率。

【复习思考题】

1. 简述太阳能干燥的基本原理。
2. 根据利用太阳辐射的方式对太阳能干燥装置进行分类，并说明各自优缺点。
3. 描述真空管集热器和平板型集热器的不同之处。
4. 简述基于 PCM 蓄热的太阳能干燥系统的工作原理。

第 7 章　热泵干燥

热泵干燥是热泵技术进步的产物，它能够有效利用空气能、浅层地热能等低品质能源，实现显著的节能效果。在食品干燥领域，热泵干燥技术的应用不仅通过冷凝器实现加热和升温，还能借助蒸发器的降温和除湿功能，创造出低湿度的空气环境，从而加速湿物料的干燥。与传统的热风干燥方法相比，热泵干燥技术采用的是低温干燥方式，能够精确控制温度，保证干燥后产品的品质。

7.1　热泵干燥的基本原理

7.1.1　热泵干燥系统的组成

热泵本质上是一种能量转换设备，它利用热力学原理实现热量的"逆流"。在自然界中，热量总是自发地从高温区域流向低温区域，而不会自发地反向流动。热泵通过逆卡诺循环的工作原理，使得热量能够从低温环境向高温环境转移。这一过程仅需要消耗少量的高品位能量（如电能），就能实现大量低品位热能的有效提升和利用。

蒸气压缩式热泵干燥系统是当前应用最广泛的干燥系统。其核心组成及系统工作原理分别如图 7-1 及图 7-2 所示。该系统主要由四个关键部件构成：压缩机、冷凝器、

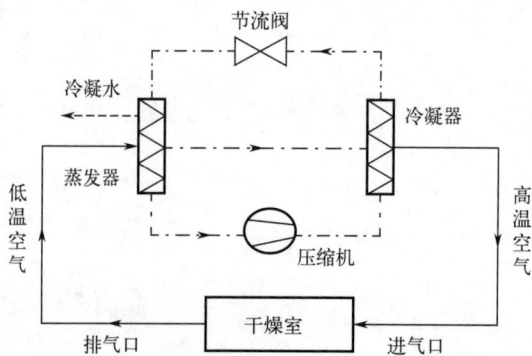

图 7-1　蒸气压缩式热泵干燥系统的示意图

节流阀和蒸发器。首先，蒸发器负责吸收干燥室内空气中的热量，使得制冷剂从液态转变为蒸气状态。这些蒸气被压缩机吸入并进行压缩，转化为高温高压的气体。在冷凝器中，这些高温高压气体进一步冷凝，释放出热量到外部环境。接下来，液态制冷剂通过节流阀进行节流，降低压力，然后再次回到蒸发器中，开始新一轮的循环。

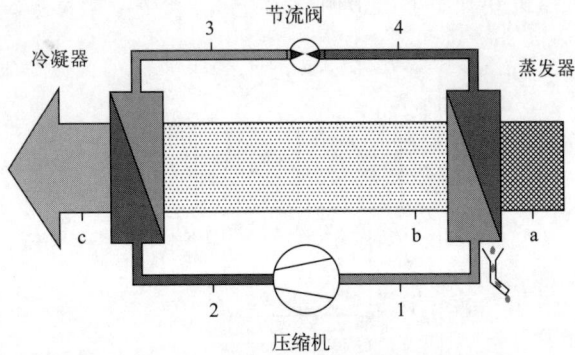

图 7-2　热泵干燥装置的工作原理

1—压缩机入口；2—压缩机出口；3—节流装置入口；4—节流装置出口；

a—空气除湿器入口；b—空气除湿器出口；c—空气加热器出口

压缩机由电机或内燃机驱动，耗功为 W，从低温环境中吸取热量 Q_0，然后将热量 Q_k 通过干燥介质空气输送到干燥室中，Q_k 等于热泵压缩机耗功 W 与低温环境中吸取热量 Q_0 之和。

根据热力学第一定律可知：

$$Q_k = Q_0 + W \tag{7-1}$$

单级蒸气压缩热泵干燥系统由两个子系统构成：热泵系统和空气干燥系统。每个子系统都通过独立的循环回路运行，分别负责制冷剂循环和干燥介质循环。干燥循环系统包含以下组件：空气冷却器（作为蒸发器）、空气加热器（作为冷凝器）、风机和干燥室。空气加热器和冷却器是共享部件，它们在热泵系统和空气干燥系统中同时发挥作用，促进制冷剂和空气之间的热交换。这两个换热器是连接热泵系统和空气干燥系统的关键，它们不仅加热干燥介质，还从干燥室排出的废气中回收能量。

7.1.2　热泵干燥系统的热力循环

热泵干燥系统的具体工作流程为：干燥介质空气以低温高湿的状态从干燥室流出，首先通过蒸发器放热降温，使制冷剂液体吸热蒸发为制冷剂蒸气，从而使空气中的水分冷凝并排出，降低了空气湿度；然后，空气经过冷凝器吸热升温，以高温低湿的状态进入干燥室，并在干燥室内中对物料进行干燥。

热泵系统循环过程的压焓图如图 7-3 所示，制冷剂在闭合环路中循环，其中 1 点为蒸发器出口（压缩机入口）的状态点，2 点为压缩机出口（冷凝器入口）的状态点，3 点为冷凝器出口（节流装置入口）的状态点，4 点为节流装置出口（蒸发器入口）的状态点。整个循环由四个过程组成：1→2：压缩机工作过程，为非等熵压缩过程。饱和制冷剂蒸气从蒸发压力压缩到冷凝压力。温度升高，变成过热蒸气。2→3：冷凝器工作过程，该过程为等压冷凝。过热蒸气在冷凝器中排出过热的热量并变成饱和蒸气。然后蒸气在冷凝器中进一步释放热量，变为饱和液体。3→4：节流装置工作过程，该过程为绝热膨胀。高压饱和或过冷液体进入膨胀阀，绝热节流、压力降低。在节流阀出口处，它变成气液混合物并进入蒸发器。4→1：蒸发器工作过程，该过程为等压蒸发。制冷剂混合物进入蒸发器，从外侧的空气中吸收热量，并在蒸发器出口处变为饱和蒸气。饱和蒸气进入压缩机并开始下一个循环。

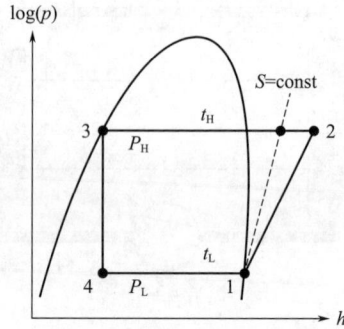

图 7-3　热泵循环压-焓图

t_H—高温热源温度；t_L—低温热源温度；P_H—高压；P_L—低压；$S=$const—等熵

在闭式热泵干燥系统中，空气循环过程可通过焓湿图进行详细描述，如图 7-4 所示。空气依次通过热泵的蒸发器和冷凝器，温度升高含湿量降低，进而进入干燥室。图中 a 点为空气冷却器（蒸发器）的入口的空气状态点，b 点为空气加热器（冷凝器）的入口［空气冷却器（蒸发器）出口］的空气状态点，c 点为加热器（冷凝器）出口的空气状态点。

c→a：为干燥室中的干燥过程，该过程为绝热干燥。干燥空气按照设定温度流过干燥室，并去除湿物料中的水分。a→b：为空气冷却器（蒸发器）工作过程，通过该过程对空气进行冷却，并排除空气中的水蒸气。当潮湿的空气流过蒸发器时，空气中的水蒸气凝结成水并从干燥回路中排出。蒸发器表面保持在状态点 L，其温度低于干燥室入口（c 点）空气的露点温度。b→c：为空气加热器（冷凝器）工作过程，为等湿升温过程。通过热泵循环（蒸发器吸热、冷凝器放热）对空气进行加热。

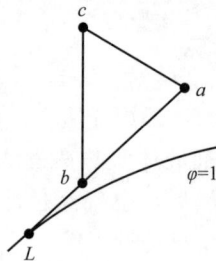

图 7-4　空气干燥循环过程

7.1.3　热泵干燥系统性能主要评价指标

热泵干燥装置因其工作运行的环境和操作技术水平的差异，其消耗能耗也大不相同。评价热泵干燥装置在不同工况条件下的运行性能，通常使用以下几个参数。

（1）除湿比能耗 SPC

除湿比能耗 SPC（specific power consumption，也叫脱水能耗比）：是用来评估热泵干燥装置的除湿效率的参数。SPC 表示单位时间内压缩机的功耗与相同时间内物料的脱水量之间的比值，其定义式为：

$$SPC = W/m_w \qquad\qquad (7\text{-}2)$$

式中　W——干燥系统的能耗，kW·h；

　　　m_w——干燥系统除去的水分，kg。

SPC 的值取决于热泵干燥装置的运行工况和物料的含水率，以及干燥室的运行工况等因素。尽管 SPC 与 COP 没有直接的函数关系，但是两者之间存在正相关关系，即 COP 值越高，SPC 值越低，表示除湿能力更高、能效更好。

（2）单位时间除湿量 MER

单位时间除湿量 MER（moisture extraction rate）表示在单位时间内，热泵干燥装置从物料中去除的水分量，单位是 kg/h。MER 值的大小仅体现了物料干燥速率的快慢，并不能体现整个干燥装置的性能。通常情况下，MER 值越大，表示在相同的物料干燥时间内，热泵干燥装置能够去除更多的水分，物料的干燥速率越快。MER 值的大小还受到其他因素的影响，例如干燥装置的设计和操作参数等。

（3）单位能耗除湿量 SMER

单位能耗除湿量 SMER[kg/(kW·h)]表示热泵干燥装置每消耗单位能量所去除的水分量，可表示为：

$$SMER = \frac{m_w}{W} = \frac{Q_{ev}\Delta x}{W\Delta h} = COP\frac{\Delta x}{\Delta h} \qquad\qquad (7\text{-}3)$$

式中　m_w——热泵干燥装置去除水分的量，kg；

　　　W——热泵耗功，kW·h；

　　　COP——热泵的性能系数，即热泵输出的有用热量与消耗能量（通常为压缩机输入电能）之比；

　　　Q_{ev}——单位时间内物料内水分的蒸发能耗，kW·h/kg；

　　　Δx——干燥空气含湿量的变化，kg/kg；

　　　Δh——介质空气干燥前后焓值的变化，kW·h/kg。

采用 SMER 作为评价热泵除湿干燥系统的整体性能指标，可更为全面和客观地反映机组性能。系统的 SMER 值越大，系统在单位能耗下水分的去除量越多，则表明热泵干燥系统越高效节能。一般情况下，热泵除湿干燥系统的 SMER 范围在 1.0～4.0 之间，取其中间值为 2.0～2.5。

7.2　热泵干燥装置的分类

热泵干燥装置根据其设计和运行原理，可被划分为多种类型。这些分类基于不同的标准，包括干燥介质与外部环境的连通性、热泵子系统与干燥子系统的耦合方式、低位热源的种类以及压缩机的级数。具体分类如下。

（1）连通程度

根据干燥介质与外界环境的连通程度，热泵干燥装置可分为三大类。

① 开式系统：结构简单，操作便捷，但易受环境因素影响，应用范围有限。

② 半开式系统：介于开式和闭式之间，具有一定的环境适应性。

③ 封闭式系统：受环境因素影响最小，具有更广泛的应用潜力。

（2）耦合方式

根据热泵子系统与干燥子系统的耦合方式，热泵干燥装置可分为：

① 直接式系统，热泵子系统与干燥子系统直接耦合，操作简便。

② 间接式系统，热泵子系统与干燥子系统通过中间介质耦合，可提供更稳定的干燥环境。

（3）低位热源

按照低位热源的种类，热泵干燥装置可分为：

① 空气能热泵，利用空气中的热量作为热源。

② 太阳能热泵，利用太阳能作为热源。

③ 生物质能热泵，利用生物质能作为热源。

④ 地热能热泵，利用地热能作为热源。

（4）级数

根据压缩机的级数，热泵干燥装置可分为：

① 单级压缩系统，应用广泛，但蒸发和冷凝温差有限。

② 双级压缩系统，能够提供更大的蒸发和冷凝温差，适用于更广泛的干燥需求。

③ 多级压缩系统，进一步扩展了热泵干燥装置的应用范围和效率。

不同结构形式的热泵干燥装置在能源效率、物料干燥速度以及适用物料等方面存在显著差异。选择合适的热泵干燥装置需综合考虑干燥需求、环境条件以及经济性等因素。

7.2.1 空气能热泵干燥系统

空气能热泵是一种利用空气作为低位热源的热泵系统。它利用空气中的热能来满足供暖、制冷和热水等需求。其结构原理如图 7-5 所示。

热泵循环过程：空气能热泵采用蒸气压缩循环工作原理。它包括压缩机、蒸发器、

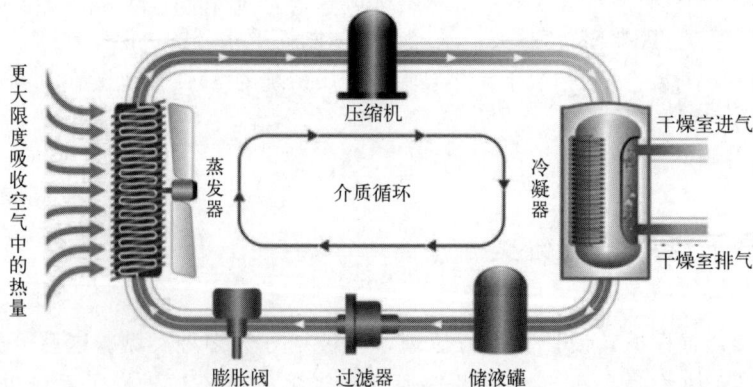

图 7-5　空气能热泵干燥原理图

冷凝器等主要组件。空气能热泵可以根据需要进行制冷和供暖模式的切换。在供暖模式下，热泵从室外空气中吸收热量，然后将其释放到室内。制冷模式下，热泵从室内吸热，然后将热量释放到室外。空气能热泵干燥装置利用热泵循环给干燥室提供所需的热量。

7.2.2　太阳能辅助热泵干燥系统

太阳能辅助热泵干燥系统由太阳能集热器、热泵系统和干燥系统三部分组成。太阳能辅助热泵干燥系统原理如图 7-6 所示。太阳能辅助热泵干燥系统通过引入太阳能集热器和储热箱进一步提高了系统的能效和干燥效果。

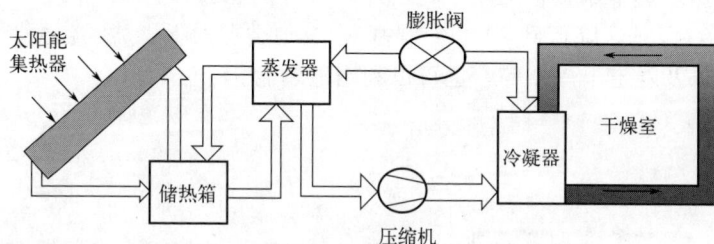

图 7-6　太阳能辅助热泵干燥系统原理图

太阳能集热器的作用是将太阳能转化为热能，并将热能储存到储热箱中。太阳能集热器通常由高热吸收率的黑色金属板构成，能够有效地吸收太阳辐射并将其转化为热能。这些热能被储存在储热箱中，以便在需要时释放。

蒸发器和冷凝器是热泵干燥系统中的关键组件，其中的制冷剂主要起到冷却和吸热的作用。制冷剂在蒸发器中吸收储热箱中的热量后，变为低温低压蒸气。低温低压蒸气经过压缩机升压后进入冷凝器，通过与室外空气进行热交换，使得冷凝器放出的热量被风机吸入的室外空气吸收，从而使得空气升温。加热后的空气被送入干燥室，与物料接触，促进物料表面的水分蒸发。干燥室内空气吸收了物料的水分后，再次循环至蒸发器，在低温高湿的环境中，空气温度降低，水分凝结析出，进一步降低空气的相对湿度。经过冷凝器侧的热交换和升温，干燥空气再次进入干燥室，完成物料的干燥循环。

太阳能集热器和储热箱的集成，使得太阳能辅助热泵干燥系统能够显著减少对外部能源的依赖。该系统可以根据实际需求调节温度和能量，实现智能化和高效率的干燥过程。通过有效的太阳能储存和利用，系统即使在太阳能辐射不足或夜间也能保持正常运行，增强了系统的可靠性和稳定性。在晴朗天气下，当集热器吸收的热量足以满足干燥需求时，可以仅依赖太阳能系统；而在阴雨天或夜间，则启动热泵干燥系统进行除湿。在晴朗但太阳能热量不足的情况下，可以同时启用太阳能和热泵系统，此时太阳能集热器吸收的热量不是直接用于物料干燥，而是输送至蒸发器，使工质吸收热量并蒸发汽化，以辅助热泵系统的运行。

7.2.3　地热能热泵干燥系统

根据温度，地热资源可分为低温地热（低于 90℃）、中温地热（90～150℃）和高温地热（高于 150℃）。中低温地热足以满足农产品干燥的要求。地热干燥技术是一种利用地热能进行食品干燥的方法，它具有操作成本低和蒸汽、热水资源丰富的优点。这种技术通过从地热井中提取热量，使用热水流或从地热厂回收的废热作为热源，可以有效地降低能源消耗和生产成本。地热干燥技术在食品加工中的应用不仅可以延长食品的保质期，还能保留食品中的重要成分，减少食品浪费。

Lund 等人设计并制造了一种多层托盘地热干燥装置（图 7-7），用于使用地热能干燥水果。在该装置中，热水从地热井流出进入地热换热器与通过鼓风机的环境空气进行热量交换。加热后的空气通过多层托盘干燥室，最终从蒸汽干燥烟囱流出。该干燥室设计有多层托盘，上面放置有食品材料。值得注意的是，在 60℃ 的干燥温度下，每个循环可以使用地热干燥装置干燥 1 吨水果。烘干机能够在 24 小时内将水果样品的水分含量从 80%（湿基）降低到 20%（湿基）。其他类型的干燥器，包括厢式、转筒式、管束式、带式以及隧道干燥器等，也可以利用地热能。

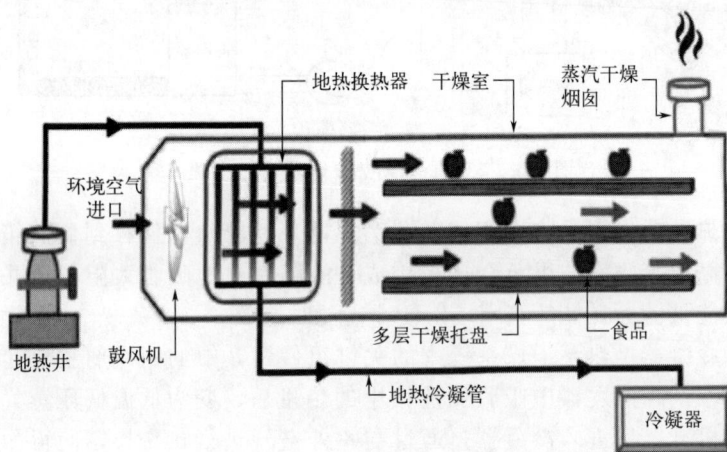

图 7-7　多层托盘地热干燥装置

7.2.4　生物质热泵干燥系统

生物质热泵干燥系统是一种利用生物质能源的高效干燥技术，它结合了热泵的节能特性和生物质能源的可再生性。这种系统通过热泵循环，将生物质中的水分蒸发并冷凝排出，从而实现干燥过程。与传统的干燥方法相比，生物质热泵干燥系统具有显著的能源效率和环境友好性。

生物质燃烧是一种原始的热能生产技术。尽管它价格低廉，但传统生物质干燥装置的效率和性能是主要问题。生物质干燥装置的能源效率可以通过先进的设计和增强的传热传质机制来提高。改进的装置可以根据连续直接加热旋转干燥、闪蒸干燥或连续流化床干燥的原理进行操作。在改进的生物质烘干机中，当食品遇到生物质燃烧产生的热空气时，它们会被烘干。通过旋转滚筒或传送带连续进料。生物质连续流化床干燥装置有两个主要部件：一个是向系统提供热能的生物质燃烧室，另一个是保持湿食品颗粒处于流化状态的连续进料机构。进料的水分含量应该较低，因为干燥效率取决于流化。基于连续流化床干燥装置原理改进的生物质热泵干燥示意图如图 7-8 所示。

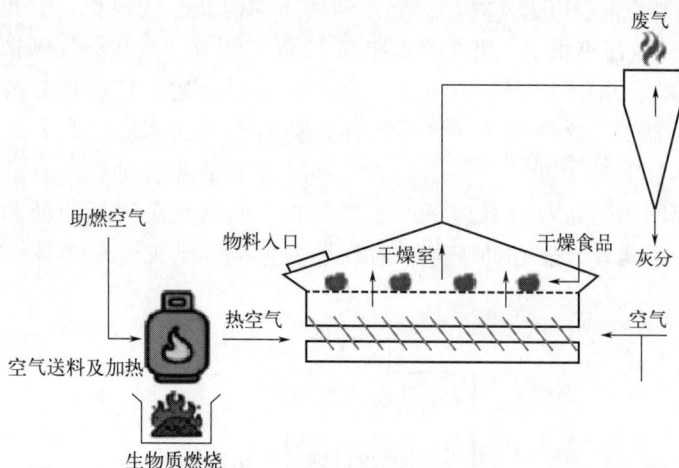

图 7-8　基于连续流化床干燥装置原理改进的生物质热泵干燥示意图

由于连续流化床干燥装置的平推流特性（理想流动的一种。其特征是在流动方向上不存在混合，径向达到完全混合，因而在垂直于流动方向的横截面上，其流速均匀），干燥室内会出现结垢和运输不均的现象。这种现象是由这种类型的干燥装置的床高较小引起的。为了解决这个问题，可以执行以下步骤：首先在进料段中供应额外的空气；其次通过改变吹送空气的方向来产生输送效果；最后通过振动来辅助流化，进一步防止结垢的发生。该系统结合了热泵的节能特性和生物质能源的可再生性，与传统的干燥技术相比，能够显著降低能源消耗和减少温室气体排放，有助于实现农业的可持续发展和"双碳"目标。

生物质热泵干燥系统是一个具有广泛应用前景的技术，它不仅能够提高干燥效率和产品质量，还能够降低能源消耗和环境影响，是生物质能源利用的重要方向之一。随着技术的不断进步和应用领域的扩大，生物质热泵干燥系统有望在未来发挥更大的作用。

7.3　不同压缩级的热泵干燥装置

在蒸气压缩热泵干燥系统中，"单级"与"多级"这两个术语描述的是压缩机的配置方式。单级系统仅利用一台压缩机来完成整个热泵循环，这种配置在干燥行业中得到了广泛的应用。然而，它存在一定的局限性，例如无法同时提供多种不同状态的干燥空气，难以实现较大压缩比和较低的蒸发温度。相对而言，双级配置或多级配置通过使用两台或更多压缩机来优化热泵循环过程，不仅能够克服单级系统的局限性，还能提供更高效的能效表现。多级热泵干燥系统通过更精细的温度控制，能够适应更广泛的干燥需求，同时提高整体的能源利用效率。

图 7-9 展示了一种双级热泵干燥装置，这种装置特别适用于需要在蒸发温度和冷凝温度具有较大差异下运行的应用场景。该系统能够提供两种不同状态的气流，以满足特定的干燥需求。在该系统中，液体制冷剂首先从内部冷凝器 D 流入接收器 E。在通过膨胀阀 F 后，制冷剂进入中压罐 G，同时接收来自低压压缩机 A_1 的中间加压过热蒸气。

在中压罐 G 内，制冷剂经历相分离，形成饱和液体和饱和蒸气两相。饱和液体流向蒸发器 I，并通过与低压压缩机 A₁ 相连的膨胀阀 H 进行调节。饱和蒸气则被输送至高压压缩机 A₂ 的吸入端。高压压缩机 A₂ 将过热蒸气压缩后，通过三通阀 B 分配到外部冷凝器 C 和内部冷凝器 D。这种设计允许系统在保持高蒸发速率的同时，有效去除物料中的水分。双级热泵干燥装置的另一个显著优势是其能量回收机制。通过精心设计的循环流程，系统能够实现高效且高质量的干燥效果，同时显著降低能耗和运行成本。这种系统不仅提高了能效，还有助于减少对环境的影响，是现代干燥技术中的一种创新解决方案。

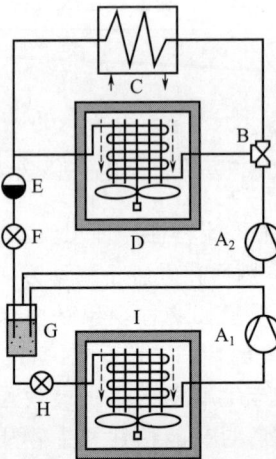

图 7-9　双级热泵干燥

A₁—低压压缩机；A₂—高压压缩机；B—三通阀；C—外部冷凝器；D—内部冷凝器；

E—接收器；F—膨胀阀；G—中压罐；H—膨胀阀；I—蒸发器

7.3.1　单级压缩热泵干燥装置

采用压缩机使气态制冷剂增压的热泵机称蒸气压缩式热泵机。对制冷剂蒸气只进行一次压缩，称为单级压缩式热泵机。根据热力学第二定律，要把低品位的热能"泵"送到高品位处，需要消耗一定的外界能量，实现热泵功能的理想循环有逆卡诺循环和洛仑兹循环，根据卡诺定理能够推出理想的热泵循环是相同工作条件下具有最大性能系数的热泵循环，它是实际循环的比较标准。

（1）改进型卡诺循环单级蒸气压缩热泵

通过对理想的卡诺循环进行进一步优化，可以获得改进型卡诺循环单级蒸气压缩式热泵干燥系统，如图 7-10 所示。（a）和（b）分别表示改进型卡诺循环热泵系统在温熵图和压焓图上的循环过程。状态点 1 的饱和蒸气被压缩为状态点 2 的过热蒸气。接着，状态点 2 的过热蒸气被冷却（或减温）至饱和状态点 3 并进入冷凝器，在冷凝器中经等温冷凝为状态点 4 的饱和液体。饱和液体流过节流阀，变成状态点 5 的气液混合物。气液混合物流入蒸发器等温蒸发变为状态点 1 的饱和蒸气，并重新进行下一个循环。该系统的 COP 低于卡诺循环，因为点 2 过热蒸气需要等温而不是非等熵压缩才能达到点 3。该热泵循环具有以下过程：1→2：等熵压缩；2→3：等温非等熵压缩；3→4：等温冷凝；4→5：等熵膨胀；5→6：等温等压蒸发。其中从状态点 2 到 3 的等温压缩循环过程在实际操作中很难实现。

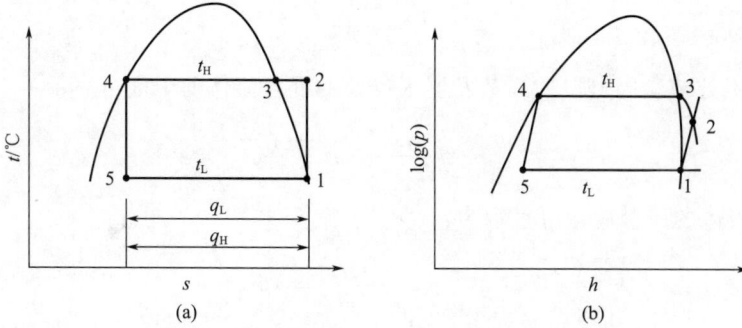

图 7-10 改进型卡诺循环单级热泵干燥系统

(a) 温熵图中的循环；(b) 压焓图中的循环

t_H—高温热源温度；t_L—低温热源温度；q_H—比冷凝量；q_L—比蒸发量；

t—温度；s—熵；$\log(p)$—对数压力；h—焓

带干式膨胀蒸发器的等熵和非等熵饱和蒸气压缩热泵系统如图 7-11 所示，其中图 7-11 (a) 为主要部件，图 7-11 (b) 为循环过程的压焓图。状态点 1 的饱和蒸气被等熵和非等熵压缩成过热蒸气分别到达点 2_i 和 2；然后，蒸气进入冷凝器被冷却，相变为状态点 3 的饱和液体并收集在储液罐中。饱和液体在点 3 离开接收器，在点 4 节流成气液混合物。气液混合物流经蒸发器，在点 1 变成饱和蒸气，再次被压缩。

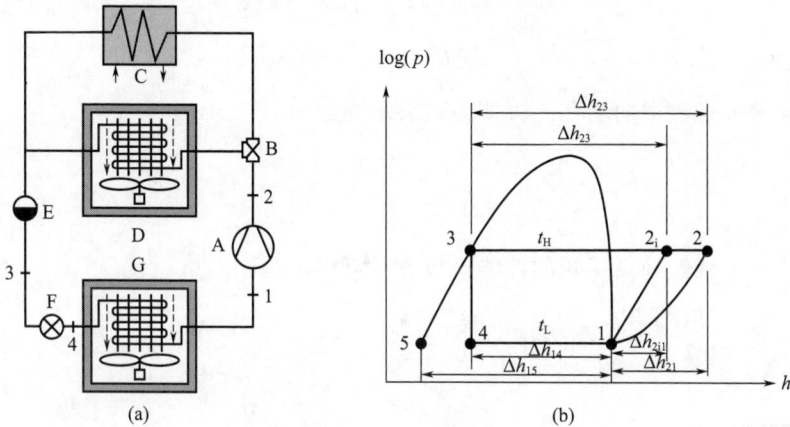

图 7-11 等熵和非等熵饱和蒸气压缩热泵系统

（a）主要部件；(b) 循环过程的压焓图

A—压缩机；B—三通阀；C—外部冷凝器；D—带空气加热器的干燥通道；

E—储液器；F—膨胀阀；G—带空气冷却器的干燥通道

1—压缩机入口；2—压缩机出口；3—外部冷凝器出口；4—膨胀阀出口

循环过程中各状态点的能量变化过程可由式（7-4）表达。等熵效率是压缩过程中等熵与非等熵焓差之比，可表示为：

$$\eta_i = \frac{h_{2i} - h_1}{h_2 - h_1} = \frac{\Delta h_{2i1}}{\Delta h_{21}} \tag{7-4}$$

热泵流体的总质量流量是制冷量与蒸发器中工作流体的比焓差之比。因此，对于等熵和非等熵过程，总质量流量可表示为：

$$\dot{m} = \frac{Q_L}{h_1 - h_4} \qquad (7\text{-}5)$$

状态点 4 处节流阀出口处或蒸发器入口处的混合流体的干度可表示为：

$$x_4 = \frac{h_4 - h_1}{h_1 - h_5} = \frac{\Delta h_{41}}{\Delta h_{15}} \qquad (7\text{-}6)$$

蒸气和液体的质量流量可表示为：

$$\dot{m}_{V4} = x_4 \frac{Q_L}{h_1 - h_4} = x_4 \dot{m} \qquad (7\text{-}7)$$

$$\dot{m}_{\ell 4} = (1 - x_4) \frac{Q_L}{h_1 - h_4} = (1 - x_4) \dot{m} \qquad (7\text{-}8)$$

质量流量必定平衡 $\dot{m}$ 可表示为：

$$\dot{m} = [x_4 + (1 - x_4)] \frac{Q_L}{h_1 - h_4} = \frac{Q_L}{h_1 - h_4} = \dot{m}_{v4} + \dot{m}_{\ell 4} \qquad (7\text{-}9)$$

制冷量 Q_L 可表示为：

$$Q_L = \dot{m}(h_1 - h_4) = \dot{m} \Delta h_{14} \qquad (7\text{-}10)$$

热泵的等熵过程中输入功和冷凝能力可表示为：

$$W_i = \dot{m}(h_{2i} - h_1) = \dot{m} \Delta h_{2i1} \qquad (7\text{-}11)$$

$$Q_{Hi} = \dot{m}(h_{2i} - h_3) = \dot{m} \Delta h_{2i3} \qquad (7\text{-}12)$$

热泵非等熵过程中的功和冷凝能力可表示为：

$$W = \dot{m}(h_2 - h_1) = \dot{m} \Delta h_{21} \qquad (7\text{-}13)$$

$$Q_H = \dot{m}(h_2 - h_3) = \dot{m} \Delta h_{23} \qquad (7\text{-}14)$$

等熵热泵低压侧和高压侧的性能系数方程可表示为：

$$\mathrm{COP}_L = \frac{h_1 - h_4}{h_{2i} - h_1} = \frac{\Delta h_{14}}{\Delta h_{2i1}} = \frac{Q_L}{W_i} \qquad (7\text{-}15)$$

$$\mathrm{COP}_H = \frac{h_{2i} - h_3}{h_{2i} - h_1} = \frac{\Delta h_{2i3}}{\Delta h_{2i1}} = \frac{Q_{Hi}}{W_i} \qquad (7\text{-}16)$$

非等熵热泵的性能系数方程可表示为：

$$\mathrm{COP}_L = \frac{h_1 - h_4}{h_2 - h_1} = \frac{\Delta h_{14}}{\Delta h_{21}} = \frac{Q_L}{W} \qquad (7\text{-}17)$$

$$\mathrm{COP}_H = \frac{h_2 - h_3}{h_2 - h_1} = \frac{\Delta h_{23}}{\Delta h_{21}} = \frac{Q_H}{W} \qquad (7\text{-}18)$$

式中 η_i——等熵效率；

    h_{2i}——状态点 2 的等熵焓值，kJ/kg；

h_1——状态点 1 的焓值，kJ/kg；

h_2——状态点 2 的实际焓值，kJ/kg；

Δh_{2i1}——从状态点 2 到状态点 1 的等熵焓差，kJ/kg；

Δh_{21}——从状态点 2 到状态点 1 的非等熵焓差，kJ/kg；

$\dot m$——总质量流量，kg/s；

Q_L——制冷量，kW；

h_4——状态点 4 的焓值，kJ/kg；

x_4——状态点 4 处的干度；

h_5——状态点 5 的焓值，kJ/kg；

Δh_{41}——从状态点 4 到状态点 1 的焓差，kJ/kg；

Δh_{15}——从状态点 1 到状态点 5 的焓差，kJ/kg；

$\dot m_{V4}$——状态点 4 处的蒸汽质量流量，kg/s；

$\dot m_{\ell 4}$——状态点 4 处的液体质量流量，kg/s；

Δh_{14}——从状态点 1 到状态点 4 的焓差，kJ/kg；

W_i——等熵过程中的输入功，kW；

Q_{Hi}——等熵过程中冷凝量，kW；

h_3——状态点 3 的焓值，kJ/kg；

Δh_{2i3}——从状态点 2 到状态点 3 的等熵焓值，kJ/kg；

W——非等熵过程中的输入功，kW；

Q_H——非等熵过程中冷凝量，kW；

Δh_{23}——从状态点 2 到状态点 3 的焓差，kJ/kg；

COP_L——低压侧性能系数；

COP_H——高压侧性能系数；

Q_L——低压侧的热负荷，kW。

（2）带干燥蒸发器和干燥通道的基本蒸气压缩热泵

带干燥蒸发器的基本蒸气压缩热泵其核心特征在于确保只有饱和蒸气进入吸入管路，同时只有饱和液体流入节流阀。这种循环是修正卡诺循环的有效替代，也是评估单蒸气压缩热泵性能的标准参考。图 7-12（a）表示配备干式蒸发器的基本蒸气压缩热泵系统。图 7-12（b）则在压焓图上描绘系统的循环过程。在循环开始时，状态点 1 的饱和蒸气经历等熵压缩，转变为过热蒸气，到达状态点 2。随后，蒸气进入冷凝器并冷却、相变，成为状态点 3 的饱和液体。在通过节流阀后，液体变为状态点 4 的液体和蒸气混合物。混合物在蒸发器中吸热蒸发，最终在状态点 1 重新变成饱和蒸气，饱和蒸气再次压缩开始下一个循环。

该循环过程如下：1→2：饱和蒸气等熵压缩为过热蒸气；2→3：过热蒸气等压冷凝为饱和液体；3→4：饱和液体绝热膨胀为气液混合物；4→1：混合物等温-等压蒸发成饱和蒸气。

热泵工质从点 1 压缩到点 2，轴功 w 表示为：

$$w = \frac{q_L}{COP_L} = h_2 - h_1$$

$$\therefore Q_H = W = \frac{Q_L}{COP_L} = \dot m (h_2 - h_1)$$

(7-19)

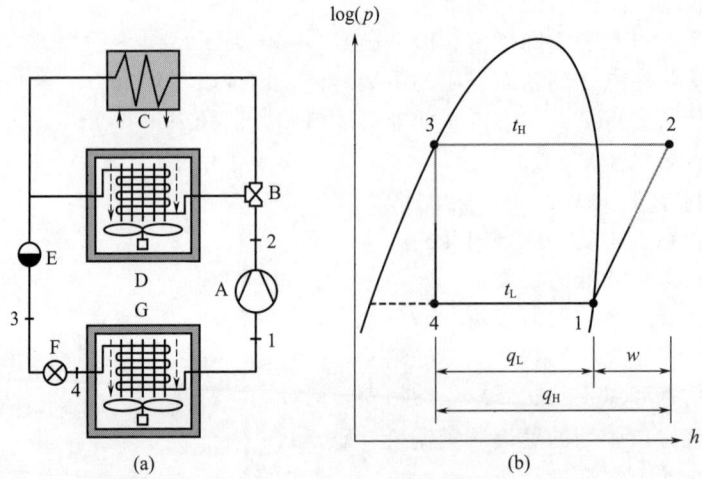

图 7-12　基本蒸气压缩热泵系统

（a）主要部件；（b）压焓图中系统循环过程

A—压缩机；B—三通阀；C—外部冷凝器；D—带空气加热器的干燥通道；

E—储液器；F—膨胀阀；G—带空气的干燥通道冷却器

1—压缩机入口；2—压缩机出口；3—膨胀阀入口；4—膨胀阀出口；

t_H—高温热源温度；t_L—低温热源温度；q_L—低温热源吸热量；

q_H—高温热源放热量；w—压缩机消耗的功

当工质状态从 2 变为 3 时，冷凝器向周围环境释放的热量 q_H 表示为：

$$q_H = w \times COP_H = h_2 - h_3$$

$$\therefore Q_H = W \times COP_H = \dot{m}(h_2 - h_3)$$

（7-20）

绝热或等熵节流过程发生在流体状态点从 3 变为 4 时。绝热过程中能量变化 q_{ex} 表示为：

$$q_{ex} = h_3 - h_4 = 0$$

$$\therefore Q_{ex} = \dot{m}(h_3 - h_4) = 0$$

（7-21）

蒸发器从周围吸收的热量 q_L 导致状态从气液混合物变为饱和蒸气，q_L 表示为：

$$q_L = w \times COP_L = h_1 - h_4$$

$$\therefore Q_L = W \times COP_L = \dot{m}(h_1 - h_4)$$

（7-22）

式中　q_L——蒸发器从周围吸收的热量，kJ/kg；

　　Q_{ex}——绝热过程中能量变化的总和，J。

（3）带内部换热器的蒸气压缩热泵

单级压缩热泵系统存在的干燥膨胀问题也可以通过带有内部热交换器的蒸气压缩热泵来解决。如图 7-13 所示，该系统在之前系统的基础上增加了一个内部热交换器 F。通过增设热交换器，可以让制冷剂在节流之前液体过冷以增强冷却效果，同时可以让蒸气略微过热并避免液滴进入压缩机。带有内部换热器的热泵系统构成如图 7-13（a）所示。热泵循环在压焓图中表示如图 7-13（b）所示。状态点 1 的过热蒸气流过压缩机 A，变成状态点 2 的过热蒸气。过热蒸气由三通阀 B 引导至冷凝器 C 和 D 冷却，变成状态点 3 的饱和液体。通过储液器 E 收集后，流经内部热交换器 F，变成状态点 4 的过冷液体，膨胀阀 G 节流，变成状态点 5 的气液混合物。混合物流经蒸发器 H 变为状态点 6 的饱和蒸气。该蒸气流过内部换热器 F，变成状态点 1 的过热蒸气，再次进行下一个循环。

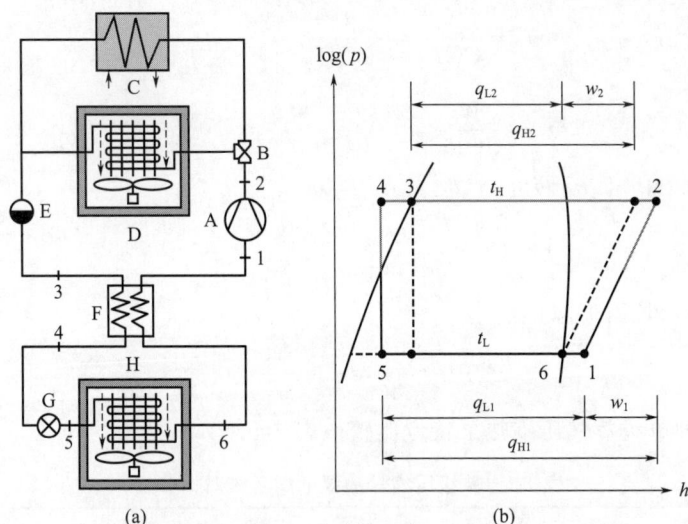

图 7-13　带内部热交换器的蒸气压缩热泵系统

（a）主要部件；（b）压焓图中系统循环过程

A—压缩机；B—三通阀；C—外冷凝器；D—带空气加热器的干燥通道（内冷凝器）；

E—储液器；F—内部热交换器；G—膨胀阀；H—带空气冷却器（蒸发器）的干燥通道；

1—压缩机入口；2—压缩机出口；3—内部热交换器入口；4—内部热交换器出口；5—蒸发器入口；

6—蒸发器出口；t_H—高温热源温度；t_L—低温热源温度；q_{L1}—增加换热器后的比冷凝量；

q_{L2}—无换热器时的比冷凝量；q_{H1}—增加换热器后的比蒸发量；q_{H2}—无换热器时的比蒸发量；

w_1—增加换热器后的输入功；w_2—无换热器时的输入功

　　循环由 4 个过程组成：1→2：等熵压缩；2→3：等压冷凝；4→5：绝热膨胀；5→6：等压等温蒸发。

　　该系统的输入功可表示为：

$$w = h_2 - h_1 = \frac{q_L}{COP_L} = \frac{h_6 - h_5}{COP_L}$$

$$\therefore W = \dot{m}(h_2 - h_1) = \frac{Q_L}{COP_L} = \frac{\dot{m}}{COP_L}(h_6 - h_5)$$

（7-23）

式中　W——压缩机的输入功，kJ；

　　　h_5——状态点 5 的焓值，kJ/kg；

　　　h_6——状态点 6 的焓值，kJ/kg。

　　冷凝器向周围介质放出的热量可表示为：

$$q_H = w \times COP_H = h_2 - h_3$$

$$\therefore Q_H = W \times COP_H = \dot{m}(h_2 - h_1) \times COP_H = \dot{m} \times (h_2 - h_3)$$

（7-24）

　　节流过程是绝热的，因此：

$$q_{ex} = h_4 - h_5 = 0$$
$$\therefore \dot{Q}_{ex} = \dot{m}(h_4 - h_5) = 0 \tag{7-25}$$

冷却或蒸发能力可表示为：

$$q_L = \frac{w}{COP_L} = \frac{h_2 - h_1}{COP_L} = h_6 - h_5$$
$$\therefore Q_L = \frac{W}{COP_L} = \frac{\dot{m}(h_2 - h_1)}{COP_L} = \dot{m}(h_6 - h_5) \tag{7-26}$$

高压侧的 COP 可表示为：

$$COP_H = \frac{q_H}{w} = \frac{h_2 - h_3}{h_2 - h_1} = \frac{Q_H}{W} \tag{7-27}$$

低压侧的 COP 表示为：

$$COP_L = \frac{q_L}{w} = \frac{h_6 - h_5}{h_2 - h_1} = \frac{Q_L}{W} \tag{7-28}$$

常见的几种单级蒸气压缩热泵特点比较如表 7-1 所示。

表 7-1　单级压缩式热泵干燥系统对比分析

类型	特点
改进型卡诺循环单级蒸气压缩热泵	① 这种热泵基于卡诺循环原理,通过改进以提高效率和性能。 ② 它通常使用单一的压缩机阶段来实现热能的提取和压缩。 ③ 适用于需要中等温度提升的应用,如供暖和热水供应
带干式膨胀蒸发器的等熵和非等熵饱和蒸气压缩热泵	① 干式膨胀蒸发器可以在不使用额外制冷剂的情况下提高系统的效率。 ② 等熵过程意味着压缩过程中没有熵的增加,这通常在理想情况下出现。 ③ 非等熵过程则考虑了实际系统中的不可逆损失,如摩擦和湍流
带干燥蒸发器和干燥通道的基本蒸气压缩热泵	① 这种热泵设计用于在干燥过程中回收热量,适用于需要干燥物料的工业应用。 ② 干燥蒸发器和通道的设计有助于提高干燥效率,同时减少能源消耗
带内部换热器的蒸气压缩热泵	① 内部换热器可以提高热泵的热交换效率,减少热量损失。 ② 这种设计有助于提高整体的能效比(COP),因为它可以更有效地利用热能

7.3.2　单级蒸气压缩热泵干燥系统的设计

下面以闭式封闭循环热泵干燥系统为例,通过与传统干燥器比较,介绍一下单级蒸发压缩热泵干燥系统的设计。闭式封闭循环热泵干燥系统如图 7-14 所示,其中鼓风机提供流经干燥室、蒸发器和冷凝器的空气。传统干燥过程从温度为 22℃、相对湿度为 50% 的环境空气开始,在入口干燥室加热至 55℃。脱水速度为 20kg/h。A 点和 B 点之间的绝对湿度差为 0.009761kg/kg。热泵工质为氨（R717）,蒸发温度比 a 点的露点温度低 10℃,冷凝温度比 a 处的进气温度高 5℃,压缩为等熵,即 $\eta_i = 1.0$,节流为绝热,即 $h = C$（常数）。假设在常压下干燥过程是绝热的,设计流程如下:

① 在莫利尔图中绘制热泵干燥循环的空气状态点;
② 确定循环状态点的湿度条件并将其制成表格;
③ 在 $\log(p)$-h 图上绘制热泵循环,并将热泵流体特性制成表格;

④ 计算压缩机轴功、蒸发和冷凝能力、COP 和 SMER；

⑤ 将热泵干燥器和传统干燥器的能量和脱水性能制成表格并进行比较。

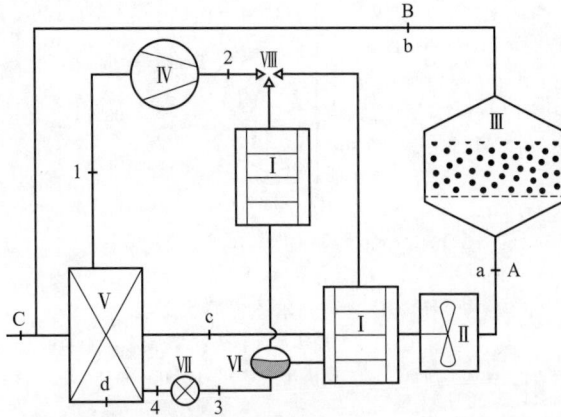

图 7-14　闭式封闭循环热泵干燥系统

Ⅰ—冷凝器（加热器）；Ⅱ—鼓风机；Ⅲ—干燥室；Ⅳ—压缩机；Ⅴ—蒸发器；Ⅵ—接收器；Ⅶ—节流阀；

Ⅷ—三通阀；1—饱和蒸气；2—过热蒸气；3—饱和液体；4—蒸气和液体混合物；A、a—干燥室入口；

B、b—出口；C—空气加热器入口；c—冷凝器入口；d—蒸发器表面

设定条件如表 7-2 所示。

表 7-2　干燥系统设计参数

R717	$\phi_C = 50\%$
$t_a = 55\text{℃}$	$\phi_c = \phi_s = \phi_d = 100\%$
$t_c = 22\text{℃}$	$\Delta_X = 0.009761\text{kg/kg}$
$t_{ev} = t_d = t_{dpa} - 10\text{℃}$	$p = 101.325\text{Pa}$
$t_{con} = t_a + 5\text{℃} = 60\text{℃}$	$h = C(常数)$
$\dot{m}_w = 20\text{kg/h}$	

解决方案：

① 在莫利尔图中绘制热泵干燥循环的空气状态点。图 7-15 中分别用大写和小写字母表示传统干燥和热泵干燥过程的状态点。

② 循环状态点的湿度条件的测定和制表。表 7-3 列出了热泵干燥器每个状态点的已知和未知特性。点 a 的性质与点 A 的性质相同，则

$\phi_a = 8.39\%$，$h_a = 76.68\text{kJ/kg}$，$x_a = 0.008223\text{kg/kg}$，$t_{dpa} = 11.11\text{℃}$。

表 7-3　热泵干燥空气状态点的已知参数和未知参数

性质	状态点				
	a	b	c	d	s
$t/\text{℃}$	55				
$\Phi/\%$			100	100	100
$h/(\text{kJ/kg})$					
$x/(\text{g/kg})$					

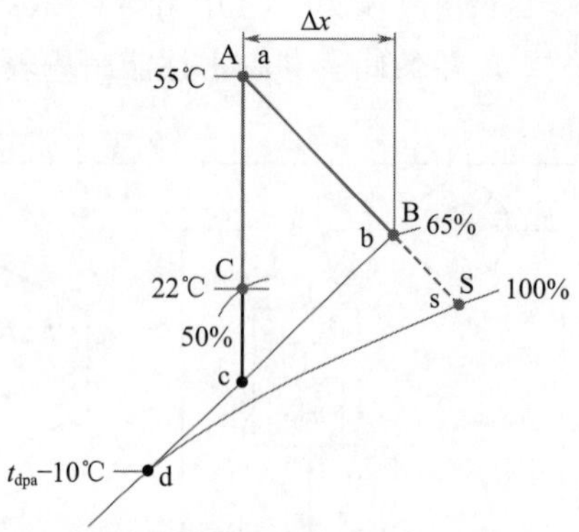

图 7-15 莫利尔图中的状态点

A，a—干燥室入口；B，b—干燥室出口；C—空气加热器入口；c—冷凝器入口；S，s—两个过程中的饱和空气；
d—蒸发器表面；CA—加热；ca—加热和冷凝；AB，ab—干燥；bc—冷却和蒸发

b 点的性质表示为：

$$x_b = x_a + \Delta x = x_a + (x_B - x_A) = 0.008223 + (0.17984 - 0.008223) = 0.017984 \text{kg/kg}$$
$$h_b = h_a = 76.68 \text{kJ/kg}, t_b = 30.55 \text{℃}, \phi_b = 65\%$$

根据给定的相对湿度，c 点的性质表示为：

$$x_c = x_a = 0.008223 \text{kg/kg}, \ t_c = 11.11 \text{℃}, \ h_c = 31.89 \text{ kJ/kg}$$

根据给定的相对湿度，d 点的性质表示为：

$$t_d = t_{dpa} - 10 \text{℃} = 1.11 \text{℃}, \ h_d = 11.35 \text{ kJ/kg}, \ x_d = 0.004091 \text{kg/kg}$$

根据给定的相对湿度，各点的性质表示为：

$$h_s = h_a = h_b = 76.68 \text{ kJ/kg}（因为该过程是绝热的），t_s = 25.10 \text{℃}, \ x_s = 0.020204 \text{kg/kg}$$

因此，根据表 7-3 和之前确定的属性，获得各状态点的参数如表 7-4 所示。

表 7-4　热泵干燥装置中空气状态点的物理条件

性质	状态点				
	a	b	c	d	s
$t/\text{℃}$	55	30.55	11.11	1.11	25.10
$\Phi/\%$	8.39	65	100	100	100
$h/(\text{kJ/kg})$	76.68	76.68	31.89	11.35	76.68
$x/(\text{g/kg})$	8.22	17.98	8.22	4.09	20.20

③ 在 $\log(p)$-h 图上绘制热泵循环，并将热泵循环氨（R717）工质各状态点的已知参数和未知参数列于表 7-5 中。

表 7-5　热泵循环氨（R717）工质状态点的已知参数和未知参数

性质	状态点			
	1	2	3	4
$t/\text{℃}$	1.11		60	
p/kPa				
$h/(\text{kJ/kg})$				
$s/[\text{kJ/(kg·K)}]$				—
$v/(\text{m}^3/\text{kg})$		—	—	—

循环过程中的其他状态参数是根据以下假设确定：蒸发温度设为 1.11℃；冷凝温度设为 60℃；饱和蒸气压缩过程为等熵（$\eta_i = 1$）过程；饱和液体的节流过程是绝热过程（$h_3 = h_4$）。

点 1 为 1.11℃ 温度下的饱和蒸气，其他状态参数表示如下：

$p_1 = 447.44\text{kPa}$，$h_1 = 1624.85\text{kJ/kg}$，$s_1 = 61.68\text{kJ/kg} \cdot \text{K}$，$v_1 = 0.278273\text{m}^3/\text{kg}$

点 2 是过热蒸气。由于这个过程是等熵的，表示如下：

$$s_2 = s_1 = 61.68\text{kJ/(kg} \cdot \text{K)}$$

点 2 的其他状态参数表示如下：

$$p_2 = 2614.53\text{kPa}，t_2 = 135.95℃，h_2 = 1893.24\text{kJ/kg}$$

点 3 为 60℃ 温度下的饱和液体，其状态参数表示如下：

$$p_3 = 2614.53\text{kPa}，h_3 = 653.72\text{kJ/kg}，s_3 = 25.15\text{kJ/(kg} \cdot \text{K)}$$

点 4 是绝热节流后的汽液混合物，h 值表示如下：

$$h_4 = h_3 = 653.72\text{kJ/kg}$$

其他状态参数表示如下：

$$t_4 = t_1 = 1.11℃，p_4 = 447.44\text{kPa}$$

表 7-6 给出了热泵循环中氨（R717）每个工质状态点的特性。

表 7-6　热泵循环氨（R717）工质状态点的特性

特性	状态点			
	1	2	3	4
$t/℃$	1.11	135.95	60	1.11
p/kPa	447.44	2614.53	2614.53	447.44
$h/(\text{kJ/kg})$	1624.85	1893.24	653.72	653.72
$s/[\text{kJ/(kg} \cdot \text{K)}]$	61.68	61.68	25.15	—
$v/(\text{m}^3/\text{kg})$	0.278273	—	—	—

根据表 7-6 中的各状态点参数，在图 7-16 所示的 $\log(p)$-h 图上绘制了使用氨（R717）工质的热泵循环图。

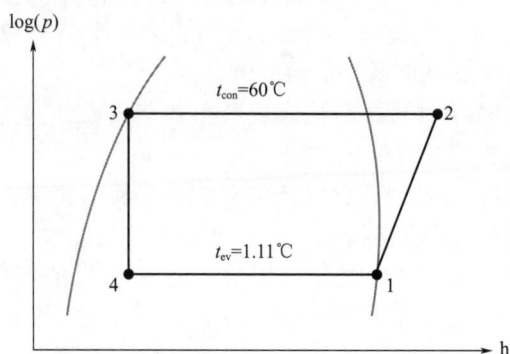

图 7-16　$\log(p)$-h（P-h）图上的状态点

1→2—等熵压缩；2→3—等压凝结；3→4—绝热节流；4→1—等温和等压蒸发；
1—饱和蒸气；2—过热蒸气；3—饱和液体；4—气液混合物

④ 压缩机轴功、蒸发和冷凝能力以及 SMER 的计算。

蒸发能力可根据给定的物料水分移除量和表 7-6 中干燥空气-湿空气的特性进行计算：

$$Q_{ev} = \dot{m}_a \Delta h = \frac{\dot{m}_w}{3600 \times \Delta x} \Delta h = \frac{20 \times 44.79}{3600 \times 0.009761} = 25.49(\text{kW}) \qquad (7\text{-}29)$$

制冷剂质量流速表示为：

$$\dot{m}_r = \frac{Q_{ev}}{h_1 - h_4} = 0.0263 \text{kg/s} \qquad (7\text{-}30)$$

压缩机轴工作和冷凝能力可表示为：

$$W = \dot{m}_r(h_2 - h_1) = 7.05 \text{kW} \qquad (7\text{-}31)$$

$$Q_{con} = \dot{m}_r(h_2 - h_3) = 32.54 \text{kW} \qquad (7\text{-}32)$$

COP 和 SMER 可计算获得：

$$\text{COP} = \frac{Q_{ev}}{W} = 3.618 \qquad (7\text{-}33)$$

$$\text{SMER} = \text{COP} \frac{\Delta x}{\Delta h} = 2.838 \text{kg/(kW·h)} \qquad (7\text{-}34)$$

⑤ 热泵干燥装置与传统干燥装置除水性能的比较。

表 7-7 总结了传统干燥和热泵干燥两种干燥装置的性能。数据对比表明，如果采用相同的 1kW·h 的能量输入，热泵干燥装置可去除 2.8kg 的水，而传统干燥装置仅能去除 1.04kg 的水分。

表 7-7　传统干燥工艺与热泵干燥工艺的性能比较

性能	干燥过程	
	传统干燥	热泵干燥
制热量/kW	39.79(有效率 81.8%)	32.54
制冷量/kW	0	25.49
轴功/kW	0	7.05
COP	—	3.618
SMER/[kg/(kW·h)]	1.043	2.838

热泵干燥装置之所以能够在传统干燥装置基础上性能有所提升，主要归功于：

① 封闭循环系统，通过构建一个封闭的循环系统，装置能够有效地回收和再利用在干燥过程中产生的废气，从而减少能源的浪费。

② 蒸气回收效率，装置能够充分回收废气中的蒸气成分，这不仅提高了能源的利用效率，还有助于维持干燥过程的稳定性。

③ 潜热的有效利用，通过回收排气蒸气凝结时释放的潜热，装置能够将这部分能量转化为热能，再次用于加热干燥空气，从而提高整体的能效。

单级系统的缺点是效率低和冷凝压力下的压缩机排气温度高。单级压缩系统不适用于蒸发温度和冷凝温度之间存在较大温差的情况。蒸发温度和冷凝温度温差大将导致压缩机效率降低。对于蒸发温度和冷凝温度温差较大的情况，应采用双级甚至多级蒸气压缩系统来解决。

7.3.3　多级压缩式热泵干燥系统

多级蒸气压缩热泵系统比单级蒸气压缩系统结构复杂，可以在更大的压力和温差范围内高效工作。多级热泵与单级热泵最大的区别是，它有两个或更多的压缩机和节流装置，系统运行在三个及三个以上的温度和压力工况下。单级压缩系统在大温差或压力波动范围情况下，压缩机做功多、排放温度高、等熵效率低。多级蒸气压缩系统将较大的压差分成段，每段由一组压缩机和辅助设备驱动。通过合理设计的多级热泵系统与干燥通道结合，可保证系统在−30℃ 至 40℃ 或更宽的温度范围内可靠运行。下面介绍带开式闪蒸中冷器的串联压缩机双级压缩热泵的热力学热泵循环过程、工作原理及工作状态变化过程。

带开式闪蒸中冷器的串联压缩机双级压缩热泵系统如图 7-17 所示。开式闪蒸中冷器的主要特点是通过闪蒸中冷器提供的饱和蒸气与第一级压缩机排出的过热蒸气混合，实现饱和液体进行节流和降低二级压气机排气温度来提高冷却效果。

图 7-17（a）表示带开式闪蒸中冷器的串联压缩机双级压缩热泵系统组成，图 7-17（b）表示压焓图中系统循环过程。状态点 1 的饱和蒸气进入低压压缩机 A_1，成为状态点 2 的中间压力的过热蒸气。该蒸气与闪蒸中冷器排出的状态点 7 的饱和蒸气混合而降温至点 3。状态点 3 的蒸气进入高压压缩机 A_2，并以冷凝压力下的过热蒸气（状态点 4）形式排出。该过热蒸气流入三通阀 B 并通过冷凝器 C 和 D，变成饱和液体并被汇集在储液器 E 中。状态点 5 的饱和液体流入浮子控制阀 F，变成状态点 6 的气液混合物，在中间压力下进入到闪蒸中冷器 G。在闪蒸中冷器的底部流出状态点 8 的饱和液体由膨胀阀 H 节流，成为蒸发压力下的气液混合物（状态点 9）。然后，混合物流经蒸发器 I，在状态点 1 开始下一次循环。

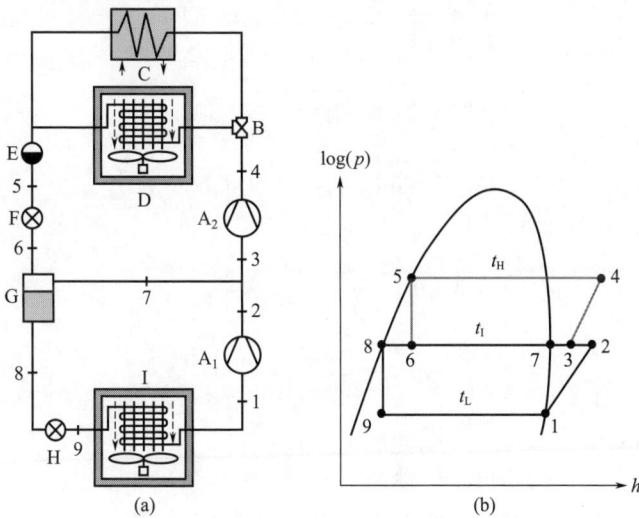

图 7-17　带开式闪蒸中冷器的串联压缩机双级压缩热泵系统

（a）带闪蒸室的双级热泵系统组成 ；（b）压焓图中的循环

A_1—低压压缩机；A_2—高压压缩机；B—三通阀；C—外置冷凝器；D—带干燥通道的冷凝器或空气加热器；

E—储液器；F—浮子控制阀；G—闪蒸中冷器；H—膨胀阀；I—带干燥通道的蒸发器或空气冷却器

该热泵循环过程如下：1→2，一级等熵压缩至中压；3→4，二级等熵压缩至冷凝压力；4→5，等压冷凝；5→6，绝热膨胀至中压；8→9，绝热膨胀到蒸发压力；9→1，等压和等温蒸发。

闪蒸中冷器 G 对应两个过程：6 到 7 是饱和蒸气的分离，6 到 8 是过冷液体的分离。液体流过浮子控制阀 F，并在闪蒸中冷器 G 处闪蒸成蒸气和液体。因此，闪蒸中冷器的目的是分离饱和蒸气和液体。饱和蒸气是在蒸发压力下变成饱和液体。向膨胀阀 H 供应饱和液体，可以让冷却效果从 $h_1 \rightarrow h_6$ 增加到 $h_1 \rightarrow h_9$。

热泵系统的优点如下所示：较低的压力比；提高冷却效果，降低成本和减小一级压缩机的实际重要性；降低第二级压缩机的排气温度和轴功。

蒸发器处质量流量方程表示如下：

$$\dot{m}_L = \frac{Q_L}{h_1 - h_9} = \frac{Q_L}{\Delta h_{19}} \tag{7-35}$$

由闪蒸中冷器的能量平衡导出质量流量：

$$\dot{m}_H h_6 = \dot{m}_L h_8 + (\dot{m}_H - \dot{m}_L) h_7 \tag{7-36}$$

$$\dot{m}_H = \dot{m}_L \frac{\Delta h_{78}}{\Delta h_{76}} = \dot{m}_L \frac{\Delta h_{79}}{\Delta h_{75}} \tag{7-37}$$

点 3 的焓是未知的，它由自点 2 和点 7 输入的过热蒸气和饱和蒸气混合产生。由这三点交会处的能量平衡导出：

$$h_3 \dot{m}_H = h_2 \dot{m}_L + h_7 \dot{m}_i \tag{7-38}$$

$$h_3 = \frac{h_2 \dot{m}_L + h_7 (\dot{m}_H - \dot{m}_L)}{\dot{m}_H} \tag{7-39}$$

以下是关于压缩机低压级功耗、高压级功耗和总功的方程式：

$$W_L = \dot{m}_L (h_2 - h_1) = \dot{m}_L \Delta h_{21} \tag{7-40}$$

$$W_H = \dot{m}_H (h_4 - h_3) = \dot{m}_H \Delta h_{43} \tag{7-41}$$

$$W = \dot{m}_L \Delta h_{21} + \dot{m}_H \Delta h_{43} = W_L + W_H \tag{7-42}$$

冷凝能力的公式表示如下：

$$Q_H = \dot{m}_H (h_4 - h_5) = \dot{m}_H \Delta h_{45} \tag{7-43}$$

性能系数的公式如下：

$$\text{COP}_L = \frac{\dot{m}_L \Delta h_{19}}{W_L + W_H} = \frac{Q_L}{W} \tag{7-44}$$

$$\text{COP}_H = \frac{\dot{m}_L \Delta h_{45}}{W_L + W_H} = \frac{Q_H}{W} \tag{7-45}$$

式中　$\dot{m}_L$——闪蒸中冷器处的低温侧质量流量，kg/s；

h_9——状态点 9 的焓值，kJ/kg；

Δh_{19}——从状态点 1 到状态点 9 的焓差，kJ/kg；

$\dot{m}_H$——闪蒸中冷器处的高温侧质量流量，kg/s；

h_6——状态点 6 的焓值，kJ/kg；

h_7——状态点 7 的焓值，kJ/kg；

h_8——状态点 8 的焓值，kJ/kg；

Δh_{75}——从状态点 7 到状态点 5 的焓差，kJ/kg；

Δh_{76}——从状态点 7 到状态点 6 的焓差，kJ/kg；

Δh_{78}——从状态点 7 到状态点 8 的焓差，kJ/kg；

Δh_{79}——从状态点 7 到状态点 9 的焓差，kJ/kg；

$W_{\rm L}$——压缩机低压级的功，W；

$W_{\rm H}$——压缩机高压级的功，kW；

W——压缩机总功，kW。

7.4　热泵干燥装置的应用和发展趋势

7.4.1　影响热泵干燥能耗的因素

热泵干燥装置的性能因结构、设计、控制参数等不同而有所差异。除了外部环境的湿度外，影响热泵干燥能耗的因素还包括装置的结构设计、换热器的传热温差、过程控制参数以及热泵工质的选择。

① 热泵干燥装置的结构设计

通过优化热泵干燥装置的结构，可以提升其 SMER（单位水分蒸发所需的能量消耗比）。理想的循环结构组合和减少不可逆损失的结构改进，有助于提高 SMER。在实际的结构改进中，除了追求更高的理想循环 SMER，还需综合考量干燥速度和设备投资成本。

② 换热器传热温差

由于热泵蒸发器、冷凝器及其他换热器的面积有限，传热过程中不可避免地存在温差。以蒸发器和冷凝器为例，传热温差导致实际装置在相同干燥介质进口温度和湿含量条件下，需要更高的冷凝温度和更低的蒸发温度，与理想循环相比，这会显著降低热泵的制热和制冷系数。温差越小，这种影响越显著。

③ 过程控制参数

在热泵干燥装置中，热泵工质的冷凝温度应与干燥介质的进口温度相匹配，而蒸发温度则与干燥介质的湿含量相关（蒸发温度越高，对应的湿含量越高；蒸发温度越低，湿含量越低）。因此，热泵的工作温度（冷凝温度和蒸发温度）与干燥介质的进口参数（温度和湿含量）对装置性能有直接影响。

④ 热泵工质（干燥介质）

由于封闭式热泵干燥装置中的干燥介质在封闭通道中循环，且热泵具备加热和制冷的双重功能，因此可以根据物料干燥的特殊需求和提高装置性能的需要，选择不同性质的干燥介质。例如，对于易氧化的物料，可以采用不含氧的干燥介质（如氮气）进行安全干燥；对于热敏性物料，可以采用传热传质效率高的介质（如氢气）进行快速低温干燥；对于溶剂的干燥和回收，可以选用适宜的介质。

7.4.2　工作温度对热泵干燥装置性能的影响

在热泵干燥装置的理想循环中，热泵工质的冷凝温度等于干燥介质在干燥器进口处的温度，热泵工质的蒸发温度也与干燥介质在干燥器进口处的湿含量一一对应，因此，热泵工作温度与干燥器进口处干燥介质的参数，对热泵干燥装置性能的影响规律是一致的。

冷凝温度和干燥介质温度：在理想循环中，热泵工质的冷凝温度等于干燥介质在干燥器进口处的温度。通过降低冷凝温度，可以提高热泵的制冷效果，从而增加干燥器中湿分的蒸发速率。

蒸发温度和干燥介质湿含量：理想循环中，热泵工质的蒸发温度与干燥介质在干燥器进口处的湿含量一一对应。当干燥介质的湿含量较高时，蒸发温度也相应较高，使得热泵能更好地吸收湿分，从而提高干燥效率。

干燥效率和热泵工作温度：热泵工作温度的调节对干燥效率有直接影响。较高的冷凝温度和较低的蒸发温度可以增加热泵的能量输入，提高干燥效率。然而，过高的冷凝温度可能导致热泵的能耗增加，过低的蒸发温度可能导致热泵的制冷效果降低。因此，需要在考虑干燥效率的同时，平衡能耗与制冷效果。

7.4.3 热泵干燥的发展趋势

热泵干燥技术的发展目标是在价格适中的情况下，提供干燥质量好、运行能耗低、干燥速度快、装置操控简单的解决方案。为了实现这一目标，热泵干燥技术的发展趋势主要体现在以下几个方面。

热泵循环：目前热泵干燥装置中的热泵循环基本是借鉴制冷空调循环，下一步应根据热泵干燥的特点，以及热泵蒸发器、热泵冷凝器中干燥介质的温度变化规律，采用非共沸循环工质实现近似洛伦兹循环来进一步提高能源利用效率；充分利用压缩机做功过程产生的热量，提高压缩机效率和使用寿命。

干燥介质：在热泵对流式干燥装置中，干燥介质从物料中带走水分，并在蒸发器中将水分排出干燥装置，其特性对热泵干燥装置的能源效率和干燥速度均具有重要的影响。当前应用最多的干燥介质是空气，下一步应根据物料特性优选适宜的干燥介质，如氮气、氢气、二氧化碳及其混合物，并对新的干燥介质与物料之间的传热传质特性、干燥介质对物料干燥质量的影响进行系统研究。

热泵干燥技术与其他节能干燥技术的组合：热泵干燥器的效率可以通过将热泵系统与不同的其他加热方法（如太阳能加热和微波加热）集成来提高。这些类型的先进食品干燥系统可以定义为混合干燥技术。热泵技术的发展使得混合干燥成为现代工业和农业中一种高效、可持续的干燥方法。混合干燥是一种结合了传统干燥方法和热泵技术的干燥过程，通过优化热泵系统的工作参数和干燥空气的循环方式，实现对物料的快速、均匀和节能干燥。以下以配置 PCM 的太阳能热泵干燥系统为例加以介绍（图 7-18）。

太阳能辅助 PCM 集成热泵干燥系统借助储热材料储存太阳能并使用它来预热干燥空气，降低了热泵干燥器的操作成本。且它扩大了干燥温度的范围，使其能够进行高温干燥。由于太阳能和热泵系统相辅相成，这将使混合系统更加灵活。集成的储热系统中太阳能可以在非日照时间使用。混合系统具有更高的效率，可以显著缩短干燥时间。

与显热相比，与 PCM 集成的太阳能热泵在相同体积下可以储存更多的热量。然而，对这一领域的研究仍然不足。Qiu 等人开发了一种热回收和热水储存太阳能辅助热泵干燥系统，与并联太阳能热泵干燥、开风门热风干燥和半开风门热风烘干相比，分别节能 40.53%、53.39% 和 58.17%。萝卜、辣椒和蘑菇的回收期分别为 6 年、4 年和 2 年。

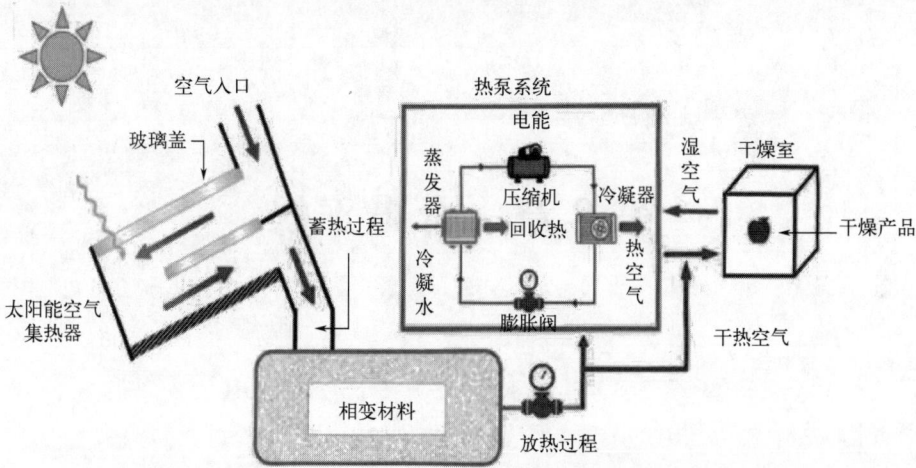

图 7-18　配置 PCM 的太阳能热泵干燥系统

　　作为一种高效且环保的干燥解决方案，热泵干燥技术在过去几年里已经实现了显著的进步和广泛的应用。它通过利用可再生能源和先进的热能回收技术，不仅显著降低了能源消耗和碳排放，还提升了干燥过程的效率和最终产品的质量。展望未来，随着技术的不断成熟和市场需求的增长，热泵干燥技术有望进一步扩大其应用范围，并实现更深层次的发展。这不仅将为干燥行业带来革命性的变化，也将为全球的节能减排和可持续发展做出重要贡献。

【复习思考题】

　　1.热泵干燥与传统热风干燥的主要区别是什么？

　　2.简述热泵干燥系统中压缩机、冷凝器、节流装置和蒸发器的作用。

　　3.如何通过调整热泵干燥系统的工作温度来优化干燥过程？

　　4.比较开式、半开式和闭式热泵干燥系统的优缺点。

　　5.太阳能热泵干燥系统如何利用太阳能提高能效？

　　6.多级压缩热泵干燥系统与单级系统相比有何优势？

　　7.热泵干燥技术在食品干燥领域的应用有哪些潜力和挑战？

　　8.如何将热泵干燥技术与其他节能技术（如太阳能、微波加热）结合，以提高干燥过程的总体能效？

第 8 章 介电干燥

介电干燥是一种先进的干燥技术，其原理是利用电磁场的效应对物料进行非接触式加热，通过介电损耗将电能转化为热能，使物料内部受热并蒸发水分。介电干燥的核心在于利用高频交变电场对物料进行加热。在高频交变电场的作用下，物料中的分子或离子会发生极化现象，即在外界电场作用下发生定向运动，并产生摩擦和碰撞。这种摩擦和碰撞会导致物料内部产生局部加热。特别是存在水分的物料，由于水分子极性较强，其在外界电场作用下更容易发生极化现象，从而更快地受到加热并蒸发。与传统的热风干燥相比，介电干燥具有能效高、干燥速度快、对产品质量影响小等优点，在医药、食品、化工等多个领域得到广泛应用，尤其在食品干燥领域发挥了重大的作用。

本章将首先介绍食品原料的介电特性等基础知识，以技术成熟度较高的微波干燥作为重点，对其干燥理论、干燥设备、干燥工艺等方面进行介绍。

8.1 介电干燥的基本知识

8.1.1 电磁波谱

电磁波谱是指电磁辐射的各个频率范围的分布，从极低频的无线电波到极高频的可见光再到更高能量的 X 射线和 γ 射线，电磁波谱按照频率递增、波长递减的顺序排列，形成了一个连续的频率谱，其中不同频率的电磁波具有不同的性质和用途。

电磁波谱的特点之一是频率和波长之间的关系。根据电磁辐射的物理特性，频率和波长是成反比关系的，即频率越高，波长越短，而频率越低，波长越长。这种反比关系在整个电磁波谱中得到了体现，并且在不同频率范围内，电磁波的行为和相互作用也会发生明显的变化。电磁波谱的另一个特点是它的多样性和广泛的覆盖范围。从无线电波到微波、可见光、紫外线、X 射线和 γ 射线，电磁波谱涵盖了很宽的频率范围。这种多样性使得电磁波谱在通信、影像技术、安防等许多领域具有重要的应用，其中微波、红外线和高频电磁波作为新兴技术，在食品干燥中日益受到相关行业人员和学者的重视。

微波是指波长在 $1mm\sim1m$ 之间，频率在 $300MHz\sim300GHz$ 之间的电磁波。具有易于集聚成束、高度定向以及直线传播的特性，可用来在无阻挡的视线自由空间传输高频信号。微波频率比一般的无线电波频率高，通常也称为"超高频电磁波"。微波作为一种电磁波也具有波粒二象性，即具有质量 m 和速度 v 的运动粒子也具有波动性，这种波的波长等于普朗克恒量 h 跟粒子动量 mv 的比，即 $\lambda = h/(mv)$。微波的基本性质为穿透、反射和吸收三种特性，即对于玻璃、塑料和瓷器，微波几乎是穿越而不被吸收；水和食物等就会吸收微波而使自身发热；而对金属类物质，微波则会被反射。在食品加工领域，微波干燥最常使用的频率是 $2.45GHz$，因为此频率下的微波具有良好的穿透性和加热效果。其他常用的频率包括 $915MHz$ 和 $2180MHz$。具体干燥频率的选择取决于干燥物质的特性和所需的干燥效果。

高频电场干燥使用的频率范围通常在 $13.56\sim100MHz$。在这个范围内，$13.56MHz$ 是最常用的频率，因为它是工业和商业应用中的标准频率。其他常用的频率包括 $27.12MHz$ 和 $40.68MHz$。在高频电场作用下，物料中的分子会不断变换方向，产生高频摩擦和能量耗散，使物料内部温度逐渐上升。

高频电场干燥和微波干燥的区别在于不同波长和频率的电磁波在加热时产生的效果不同。频率越高，加热速度越快；频率越低，则波长越长，在加热厚度上更具有优势。高频电场干燥所使用的电磁波频率较低、波长较长，属于穿透式加热，比较适合较厚的食品原料干燥；微波干燥所使用的电磁波频率更高，加热速度更快，虽然加热深度相对较浅，但基本上可以满足常规食品原料的干燥。目前，微波干燥是最为成熟的介电干燥技术，应用也最为广泛，本章将围绕微波干燥重点展开讲述。电磁频谱见图 8-1。

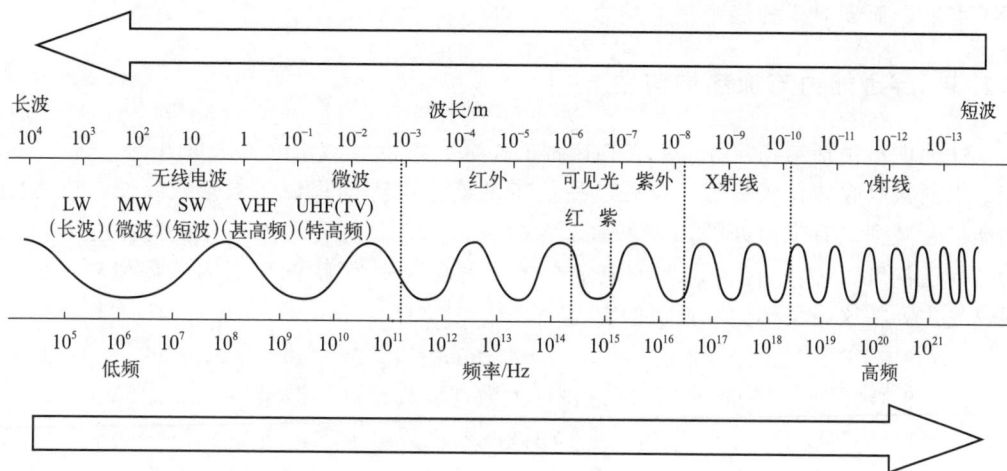

图 8-1　电磁频谱

8.1.2　介电损耗

介电损耗（dielectric loss）又称介质损耗，是指电介质在交变电磁场作用下，消耗电能而使介质本身发热的现象。其原因是介质中的极性分子在交变电磁场中不断地进行取向运动，从而将部分电能转化为热能。介电干燥是将介质损耗作为加热手段，即采用不超过 $300MHz$ 的高频电磁波或者 $300MHz$ 以上的微波加热物料，使物料内部受热并达到蒸发水分的目的。

当电介质置于交变电磁场中时，带有不对称电荷的分子受到交变电磁场的作用，产生转动，由于物质内部原有的分子无规律热运动和相邻分子之间作用，分子的转动受到干扰和限制，产生"摩擦效应"，结果一部分能量转化为分子热运动功能，即以热的形式表现出来，从而使物料被加热。也就是电场能转化为势能，并进一步转化为热能。单位体积内介质吸收的微波功率 P_α 与该处的电场强度和频率 f 有下列关系：

$$P_\alpha = 2\pi f \varepsilon_0 \varepsilon' \tan\delta E^2 \tag{8-1}$$

式中　ε_0——真空中的介电常数，$\varepsilon_0 = 8.85 \times 10^{-12}$ F/m；

　　　E——电场强度，V/m；

　　　ε'——介质的"介电常数"，对应于物料的电容，是表征介质极化程度的参量，F/m；

　　　$\tan\delta$——介质的"损耗正切"，是表征介质损耗的参量；

　　　f——交变电场的频率，Hz。

$$\tan\delta = \frac{\varepsilon''}{\varepsilon'} \tag{8-2}$$

式中　ε''——物料的损耗因子；

　　　ε'——物料的介电常数。

介质的介电常数 ε' 是描述物料对电场响应能力的物理量，它体现了物料在电磁场中存储能量的能力，它是影响介电加热干燥的重要因素，它受物料自身特性和电磁场状态的影响。损耗因子 ε'' 对应于物料的电阻，表示从电磁场中耗散的电能，这部分能量不可逆，而 ε' 对应的能量是可逆的。

8.1.3　穿透能力与加热均匀性

穿透能力是指电磁波穿透到物体内部的本领，电磁波透入介质表面并向里传播时，能量不断被吸收转化成热能，电磁波所携带的能量由表向里以指数形式衰减，电磁波的能量衰减到只有表面处的 $1/e^2 \approx 1/2.718^2 \approx 13.5\%$ 时所能透入的介质的深度 D，称为"穿透深度"，大约有 86.5% 的能量在介质表面深度为 D 的一层内消耗掉，也就是说热量主要在这一层产生。近似的有：

$$D = \pi f \varepsilon' \tan\delta \tag{8-3}$$

式（8-3）表明，一般介质的穿透深度大致与波长是同一数量级。以 915MHz（$\lambda = 33$cm）和 2450MHz（$\lambda = 12.2$cm）的常用微波加热频率来说，通常被干燥物料的 D 值大约为几厘米到几十厘米的范围，除很大的物体外，一般可以大致做到表里一致均匀加热。故被干燥物料的尺寸大小，主要取决于穿透深度。

8.1.4　介质电性质和选择加热效应

介电干燥的效果和被加热物料的电性质有着密切的联系。微波功率 P_α 与介质的介电常数 ε' 和损耗正切 $\tan\delta$ 之积成正比。各种物质的 ε' 各不相同，但除高含水物料和某些"铁电"物质外，一般介质的 ε' 在 1~10 之间，而水的 ε' 特别大，为 78.54。所以含水量越高，微波所能发挥的效能越好。基于这一点，一般微波源应安装在物料的入口处。

各种介质的损耗正切相差更大，优良介质（如石英、聚四氟乙烯等）的 $\tan\delta < 1/1000$，所以在微波加热器中，采用聚四氟乙烯作为传送带或托辊的材料，用玻璃器皿盛放物料，为的是减少对微波的吸收。吸收性介质的 $\tan\delta$ 最大可以达到十分之几，如水的 $\tan\delta$ 约为 0.3，故无论从 $\tan\delta$ 还是 ε' 来看水都能强烈地吸收微波。一般含水量在百分之几到百分之几十的各种含水物质的 ε' 和 $\tan\delta$ 都很大，能有效吸收微波，适于用微波加热来干燥。但是由金属或者是 $\tan\delta$ 较小的优良介质制成的产品不适于用微波加热来干燥。因此不同物质微波加热的效果不同，这就是微波加热的选择性。这种选择性使得一些产品不能用微波来直接加热。但是在某些产品干燥中却十分有利。微波干燥过程中，水分子比干物质更容易吸收微波能量，导致水分温度显著升高，从而实现干燥效果。正是微波这种在产品内部对水的选择性加热，水分迅速蒸发，使产品不至于过热；特别应该指出的是，其中的干物质主要是通过传导传热，所以其相对温度低，这样在物料内部就产生温度均衡作用。

8.2　食品的介电特性

与常规的热风干燥相比，微波干燥和高频电场干燥都属于介电干燥的范畴，都是利用电场中的介电损耗，将电能最终转化为热能，使食品原料内部的水分子快速受热并蒸发。对于介电干燥而言，食品的介电特性是最为重要的物理参数，它反映了食品物料对电磁场的响应程度，决定了微波和高频电磁波在食品中的穿透深度，进而直接影响了食品的干燥加工特性。

食品的介电特性受食品内部化学成分的影响，不同的成分对电场频率的响应也各有差异，从而导致了其在介电常数 ε' 和损耗因子 ε'' 上的差异。本节将详细探讨食品中的水、糖类、蛋白质和脂肪等主要化学组分的介电特性，以及这些特性如何随着频率、温度和其他环境因素的改变而变化。

8.2.1　水的介电特性

水是极性分子，且在食品中的含量较高，因此，水是影响食品介电特性的最重要化学成分。被干燥食品中的水分含量与水分的存在形式、电场的频率、温度的变化以及电解质是否存在及其浓度等因素有关。水不仅作用于食品的介电性能，还决定了食品对电磁场的响应特性。因此，在研究食品的介电特性或将其应用于实践时，需要细致考虑诸多影响因素。

8.2.1.1　水分状态的影响

当食品中的水分含量较低时，水分主要作为结合水，附着在蛋白质、淀粉等亲水性成分上。随着水分含量的增加，超出一定阈值后，新增的水分则主要作为自由水存在。结合水是细胞结构的重要组成成分，其损耗因子相对较低且稳定，不会随水分含量的变化而大幅波动。自由水则是良好的溶剂，许多物质能够在其中溶解，其损耗因子较高，并且会随着水分含量的增加而增加。

8.2.1.2 电场频率的影响

水的损耗因子会随着频率的升高先增大后减小，如图 8-2 所示。自由水在 17 GHz 时的介电损耗最大，并在数兆赫范围内保持有效值。这表明微波和高频电磁波对含水食品具有显著的极化加热效应。结合水的频率特性与自由水不同，在低频范围内，其损耗因子维持较高水平。

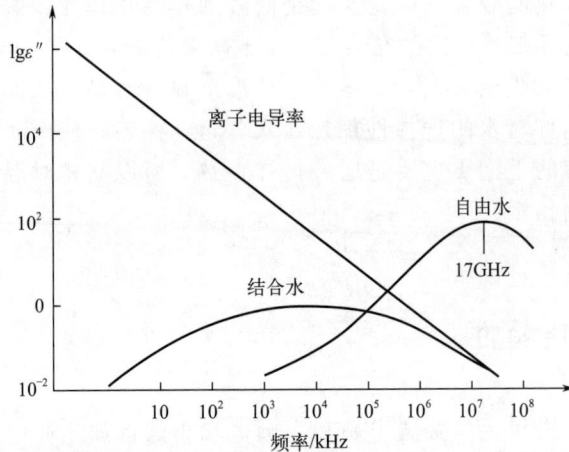

图 8-2 水的损耗因子与频率的关系

8.2.1.3 温度的影响

温度的变化对结合水和自由水的介电特性都有影响，但两者之间存在差异。这种差异缘于结合水分子在高温下束缚力降低，运动性适度增加，极化度提高；而温度升高，自由水分子氢键减少，运动加剧，极化度降低，使得其介电特性减弱。

自由水和结合水的损耗因子 ε'' 是不同的。在加热过程刚开始时，物料含水量高，自由水分子占多数，此时 ε'' 是负温度系数（$\mathrm{d}\varepsilon''/\mathrm{d}t < 0$，即温度升高 ε'' 下降），故温度低的地方 ε'' 大，吸收功率大，温度高的地方 ε'' 小，吸收功率小，有利于均匀加热。而且随着温度升高，ε'' 下降，使物料吸收的微波功率自动减少，这种自动调节是十分有利的。但在干燥后期，自由水已经大部分蒸发，剩下的主要是结合水，此时 ε'' 变成正温度系数（$\mathrm{d}\varepsilon''/\mathrm{d}t > 0$，即温度升高 ε'' 升高），越是温度高的地方，ε'' 越大，吸收越多，而且随着温度的升高，吸收功率也随之增大，升温更大，最后会有失去控制的危险。即物料温度急剧上升，造成过热使产品烧焦，严重时甚至能着火。所以为了保证产品质量，必须防止这种现象，例如在产品将要烘干时，应降低输入的微波功率。

8.2.1.4 电解质的影响

食品中的离子浓度对介电常数和损耗因子有显著影响，尤其是盐离子，它们对损耗因子的影响尤为显著。随着盐浓度的增加，溶液的介电常数降低，而损耗因子升高。介电常数的降低是因为盐分影响了水分子的结合，削弱了水的极化能力；而损耗因子的增加则是因为可随电场变化的离子数量增多。

8.2.2　糖类的介电特性

8.2.2.1　淀粉

淀粉是高分子聚合物，其介电特性相对较弱，且不同种类淀粉的介电特性不同（表 8-1）。淀粉的介电特性除了与淀粉的种类有关外，还与淀粉的存在状态和温度等因素有关。

表 8-1　干谷物淀粉的堆积密度和损耗因子（30℃）

淀粉种类	堆积密度/(g/cm³)	损耗因子
玉米	0.810	0.14
大米	0.678	0.00
木薯	0.808	0.08
小麦	0.790	0.05
蜡质玉米	0.902	0.43

淀粉的物理状态，如颗粒大小、形态和聚集状态，也会影响其介电特性。淀粉颗粒在不同的物理形态下，如干燥状态或与水混合后，其介电常数和损耗因子会有所变化。如在 2450MHz 频率下测定不同粉末状淀粉的介电特性，淀粉的介电常数和损耗因子均随温度的升高而增大。

温度的变化会影响淀粉分子的热运动，从而影响其介电特性。根据 2450MHz 频率下的测定结果，小麦淀粉和玉米淀粉的介电常数和损耗因子均随温度的升高而增大。此外，低水分含量（水分含量<1%）淀粉的介电常数和损耗常数与处理温度呈线性关系，并且随着处理温度的升高，二者数值均增大；而较高水分含量（水分含量 13%，水分活度 0.6）淀粉的介电常数和损耗因子均随处理温度的升高而快速呈非线性状态增大。其他种类的淀粉也有类似的变化规律。

8.2.2.2　葡萄糖

在食品成分中，糖是吸收微波能量的关键物质，这是由于其分子结构中丰富的亲水性羟基，这些羟基能够与水分子建立氢键，从而固定水分子。因此，糖溶液的介电特性介于固体糖和纯水之间。相较于淀粉，葡萄糖的羟基更容易与水分子形成氢键；在淀粉分子中，只有少数羟基暴露于水环境中，与水形成稳定的氢键，从而导致糖溶液的介电常数通常高于淀粉溶液。

食品中糖的介电特性受其浓度和温度的影响。研究发现，不同浓度的葡萄糖溶液在温度上升时，其介电常数会增大，而损耗因子则会减小。这种现象可能与温度升高导致糖分子与水分子间的氢键减少有关。随着葡萄糖溶液浓度的增加，通过氢键束缚的水分子数量增多，这导致溶液的介电常数降低。但葡萄糖溶液有一个影响损耗因子的临界糖浓度，当溶液温度超过 40℃ 时，损耗因子会随着浓度的增加而增大；而在较低温度下，葡萄糖溶液在较低浓度时就会达到饱和状态，此时损耗因子会随着浓度的增加而减小。

8.2.3　蛋白质的介电特性

食品中游离氨基酸和多肽的存在将使得损耗因子增大。蛋白质偶极矩的大小与构成氨基酸和介质 pH 值有关,因此鱼类、肉类、豆类等食品原料中蛋白质的介电特性和对电磁场的反应会有所区别。另外,蛋白质的介电特性会因其对水分的吸附作用而受到影响。

不同来源的蛋白质由于其氨基酸序列和比例的不同,而具有不同的介电性能;当蛋白质处在不同 pH 值的环境里,其带电状态会发生变化,进而影响其与水分子的相互作用和介电特性。水分子与蛋白质的作用对介电性能有显著影响,蛋白质吸附自由水的量越多,其介电性能越差,自由水的含量直接影响蛋白质的介电常数和损耗因子;结合水(与蛋白质、糖类等干物质结合的水)对介电性能的影响较小,因为其介电松弛频率低于一般工业用微波频率。在蛋白质的变性过程中,蛋白质的空间结构受到破坏,增大了电荷分布的不对称性,导致偶极矩和极化性加大,变性蛋白质的溶解度降低,溶液黏度增大,进而改变了蛋白质的介电特性。

综上所述,蛋白质的介电特性是一个复杂的现象,受到多种因素的影响,这些因素共同决定了蛋白质在不同条件下的介电性能,对于理解蛋白质的功能性质及其在不同应用中的行为具有重要意义。

8.2.4 脂肪的介电特性

由于除脂肪酸分子上可解离的羧基外,脂类物质是疏水性的,它们不与电场相互作用。因此,脂肪的介电特性非常弱。脂肪主要因其稀释作用对食品体系介电特性产生影响。脂肪含量的增加降低了体系中自由水的含量,从而减弱了体系的介电特性。

为了了解食用植物油的介电特性,选择 $100\sim10000MHz$ 的跨无线电波及微波频段,以几种常见食用植物油(大豆油、菜籽油、花生油、橄榄油、玉米油、调和油、葵花籽油和芝麻油)为研究对象,采用同轴探针技术,在不同频率和温度下对介电特性进行了测定。结果表明:植物油的介电常数值较小,且变化有一定的规律,在 $100\sim300MHz$ 内的无线电波段,植物油的介电常数随着频率的增加呈现先增大后减小的趋势;在 $300\sim10000MHz$ 的微波频段,植物油的介电常数随着频率的增大而逐渐减小;这段频率对植物油损耗因子的变化虽有影响,但是其变化规律没有介电常数明显。温度对植物油的介电特性有一定影响,频率一定时,介电常数随温度的升高而减小。结果还表明:在较低频的无线电波段($100\sim300MHz$),除花生油外,同频率下各种食用植物油介电常数大小与油中不饱和脂肪酸总含量呈正相关关系,即随着不饱和脂肪酸含量的增加,介电常数逐渐增大;在较高的微波频段($300\sim10000MHz$),植物油的介电常数随亚油酸含量的增加而增加。随着油炸的进行,大豆油的酸值和极性成分含量逐渐增大,过氧化值先增大后减小,大豆油的介电常数值也逐渐增大,且在频率为 $700MHz$ 时,两者之间相关性较好。

8.3 微波干燥

8.3.1 微波干燥的基本原理

在微波电磁场的作用下,存在两种作用模式与分子相互作用:偶极旋转和离子传导(图 8-3)。在偶极旋转中,分子不断地来回旋转,以使其偶极与不断变化的电场对齐,每个旋转分子之间的摩擦导致热量产生；在离子传导中，自由离子或离子种类通过空间平移移动，以与变化的电场对齐。就像在偶极旋转中一样，这些移动离子之间的摩擦导致热量产生，反应混合物的温度越高，能量传递的效率就越高。在这两种情况下，分子极性和/或离子性越强，热量产生的效率就越高。

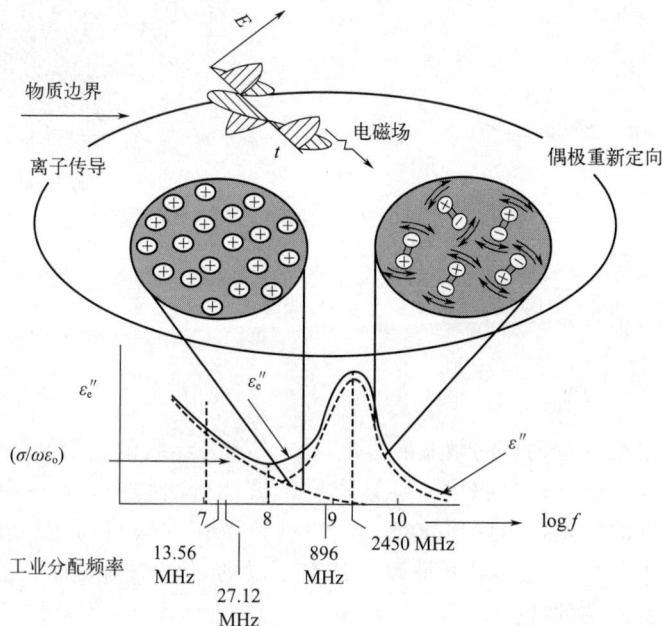

图 8-3 微波电磁场中偶极旋转和离子传导及对介电特性的影响

为了避免不同用途电磁波的干扰，国际上对加热电磁波有统一的规定，在农产品加工领域，常用的微波频率为 915MHz 和 2450MHz。在上述两种微波作用机制下，分子/离子间作用力的干扰和阻碍产生摩擦热，形成宏观的加热效应。由于微波电磁场的频率很高，极性分子振动的频率很大，吸收的能量相当可观。

在微波干燥中，这种宏观的加热效应导致物料的温度升高，从而达到使物料干燥的目的。整个干燥过程以电磁能的穿透效应代替了传统的热源，而水分子是吸收微波能的主要载体，因此食品物料干燥速度快，可以在温度较低的条件下进行，常用来干燥热敏性强、附加值高的原料。近年来，微波干燥技术在蔬菜和水果的加工方面得到了广泛关注和应用。

干燥中，微波以电磁辐射的形式进入湿物料，由里到外产生大量水蒸气，从而形成有效的气压差，驱动水分以气体的形态向表面迁移。图 8-4 为普通干燥和微波干燥的原理图，微波干燥在传热和水分散失上都存在有利于干燥持续进行的优势。由于极性分子的摩擦运动和生热效应，热量要向表面释放，适当的物料体积和厚度有利于热量的散失，对控制品质起重要作用。物料的传热方向、蒸汽迁移方向和温度梯度方向一致，大大提高了传热传质效果和干燥速率。

与普通干燥方式相比，微波干燥的热量在食品物料内部产生，同时因为表面较容易散热，往往是内部温度高于外部，温度梯度方向和水分梯度的方向相同，传热和传质方向一致，促使内部水分迅速蒸发，形成内部压力梯度，使水分很快扩散到表面挥

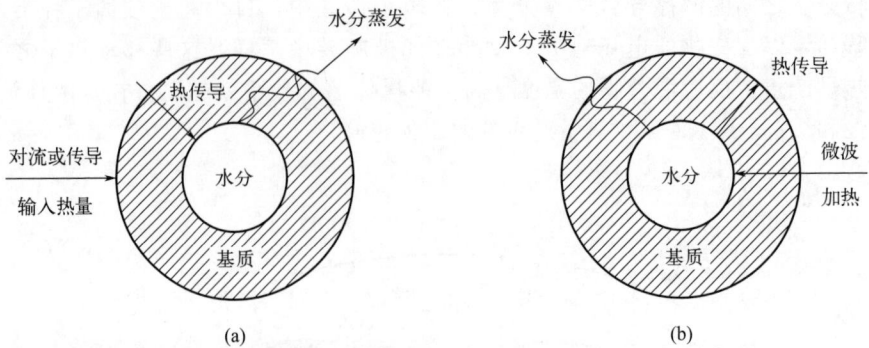

图 8-4　普通干燥与微波干燥机理比较
(a) 普通干燥；(b) 微波干燥

发掉，这就使得干燥时间大为缩短。

8.3.2　间歇微波干燥

　　干燥过程可以根据对物料的微波能量供应方式分为连续微波干燥和间歇微波干燥。连续微波干燥是在整个干燥过程中持续地提供微波能量给物料，而间歇微波干燥是在一段时间内提供微波加热，然后停止加热，再进行下一次微波加热。然而，连续微波干燥在实际应用中并不常见，主要是因为其在干燥的过程中均匀性较差。相反，间歇微波干燥是一种更常见的选择。

　　如上所述，微波干燥可以实现更快速的干燥，但单纯使用微波技术进行干燥，易使局部温度过高，导致物料出现边缘焦煳和硬化等现象，为保证产品品质，防止局部过热，则要在微波干燥工艺上探索创新。采用微波间歇干燥，能有效均衡水分分布和温度情况，从而避免出现过热导致烧伤。

　　在间歇微波干燥中，微波热源会周期性地开启和关闭，以加快干燥速度和提高干燥均匀性。这种间歇式的操作方式能够充分利用微波能量对材料的加热效果，并结合对流干燥的特点，以达到更高效的干燥效果。采用间歇式的微波加热，可以更快地蒸发材料中的水分，并在断开微波热源的间隔期（非加热周期）内，利用剩余的热量，进行传热和脱湿，从而进一步平衡水分含量，实现节能均匀的干燥效果。

　　间歇微波干燥的主要目的是在保持干燥速率的同时，避免材料表面过热或产生局部干燥不均的问题。与连续微波干燥技术相比，间歇微波干燥具有非常灵活的温度和湿度控制能力。通过间歇式的运行方式，加热和传热过程可以根据物料的需要而被自由地控制，即加热周期内微波能量的供应量是被灵活调节的，以控制物料的温度升高速率来实现更精确的温度和湿度控制。因此，间歇微波干燥可避免连续微波干燥过程中所出现的温度不均匀和峰值温度过高等问题，从而确保干燥效果更加稳定可靠。

8.3.3　微波干燥系统

　　微波的产生、传输及其与食品物料（介质）的相互作用，都需要专门的元器件，它们各司其职，组合在一起构成了微波干燥系统。

　　微波干燥系统主要由微波功率源、波导、微波干燥腔（微波加热器）和控制系统组成（图 8-5），其中微波功率源是完成电能转化为微波能并输出微波的装置，波导是在微波频段传输电磁波的主要装置，微波干燥腔是微波电磁场与食品物料相互作用的空间装置，它们构成整个微波干燥系统的核心部分。

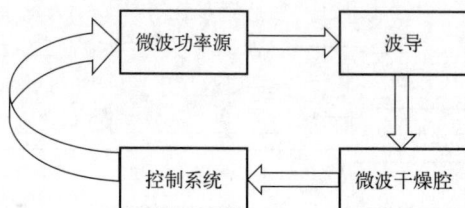

图 8-5 微波干燥系统的组成

8.3.3.1 微波功率源

微波功率源的作用在于将 50Hz 或 60Hz 的交流电源功率转变成微波功率，一台典型的微波功率源，由微波管以及供电电源、微波元件和传输系统、保护装置、冷却装置和防电磁干扰（electromagnetic interference，EMI）或射频干扰（radio frequency interference，RFI）的机箱组成。按频率范围、功率电平和控制方式等的不同要求，微波源也多种多样，包括从最简单的 500W 家用微波炉的小功率微波源，到可供大型工业微波干燥设备用的 50～100kW 的连续波大功率微波源。

微波功率源利用直流或交流电来产生微波能量。能够产生微波的器件主要有两类，分别是半导体器件和电真空器件（又称电子管）。在微波干燥中常用的微波器件包括磁控管和多腔速调管。

（1）微波电源

小功率磁控管的微波电源是一种常用于提供稳定微波能量的电源设备，通过谐振电路产生所需频率的微波信号，并通过控制电路来保护电路以确保正常工作。它在微波通信、雷达和卫星通信等领域中发挥着重要作用，原理图如图 8-6 所示。

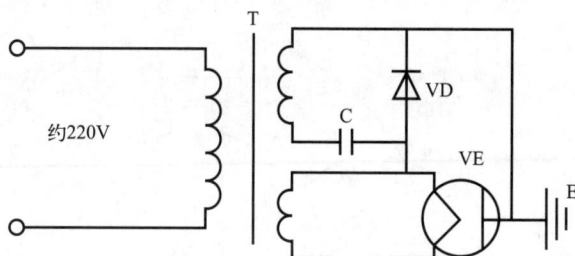

图 8-6 小功率磁控管的微波源电气原理图
T—变压器；VD—整流桥；C—电容器；E—电源；VE—磁控管

大功率磁控管电源是一种用于工业领域的成熟且稳定的设备，它广泛应用于驱动大功率磁控管。以 CK-622（CWM-30L）连续磁控管为例，该磁控管的微波频率为 915MHz，微波输出功率为 20～30kW。为了保证正常工作，需要配备阳极高压电源、大电流可调灯丝电源、可调磁场电源以及整套安全闭路保护装置，原理图如图 8-7 所示。

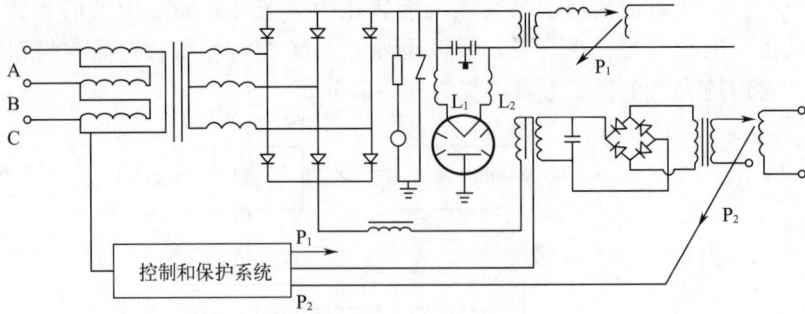

图 8-7　915MHz/30kW 大功率磁控管的微波源电气原理图

A、B、C—三相交流电源输入；L_1、L_2—扼流圈；P_1—微波输出部分；P_2—负载匹配和输出部分

（2）磁控管

磁控管是完成电能转换为微波能并输出微波的电真空器件，实质上是一个置于恒定磁场中的二极管。管内电子在相互垂直的恒定磁场和恒定电场的控制下，与高频电磁场发生相互作用，把从恒定电场中获得能量转变成微波能量，从而达到产生微波能的目的。同时，磁控管是一种消耗品，容易老化和消磁。

磁控管由一密封真空管组成，管内有一柱形中心阴极管（电子源，电子由真空管中心的辐射源发射），该阴极管周围分布着具有特定结构的阳极，这些阳极形成了谐振腔，并与边缘场耦合而产生微波谐振频率。在强电场作用下，辐射源发射的电子被迅速加速。由于同时存在正交磁场，电子会发生偏移，其结果是产生螺旋运动。通过选择适宜的电磁场强度，可以使谐振腔从电子中接收电磁能量，并进一步输送到波导或同轴线中。

磁控管的输出功率由电流或磁场强度控制，最大功率须保证阳极不被融化。对于频率为 2450MHz 的微波，采用空气或水对电极进行冷却时，功率限值分别为 1.5 kW 和 25 kW。915MHz 磁控管因其较低的谐振频率而具有更大的波长，相应具有更大的谐振腔，因此单位面积可获得更高的能量（图 8-8）。

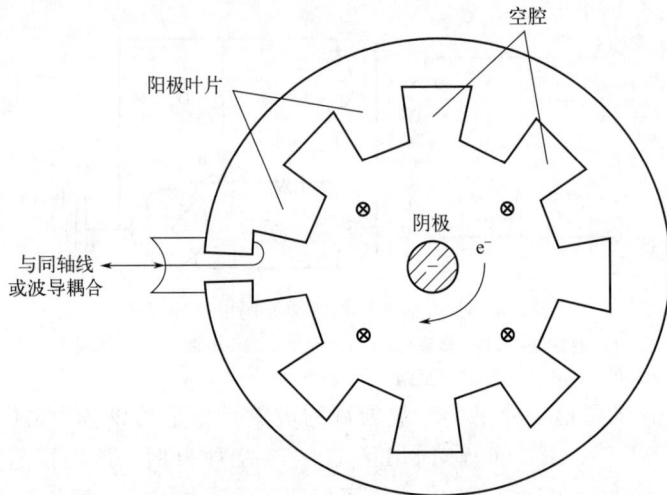

图 8-8　磁控管原理图（Rigier et al，2017）

8.3.3.2　波导

在微波干燥设备中，广泛采用波导来传输微波能。波导将微波功率源提供的微波功率以最低损耗传输给微波干燥腔（也称微波加热器），并不影响波发生器的稳定工作；波导是圆形或矩形截面的金属管，电磁波在波导内传输。当波导尺寸、内表面光洁度符合质量要求时，功率的损耗最小，因此波导就成为厘米波段传输大功率最理想的方式，磁控管产生的微波能通过波导管进入微波加热器中。波导管由能反射微波的材料制成，理论上波导管能完全匹配地直接把微波传送到微波腔中，而且在微波设备中，有时波导本身就是加热器。

波导是在微波频段内传输电磁波的主要元器件，它是一种金属材质的空心金属管件。波导可以将微波能量沿着管道传送到目标位置，在某些情况下，波导本身也充当微波干燥腔。与传统的双线传输线和同轴电缆相比，微波波导能够在高频率下减少能量损耗和辐射现象的发生。最常见的微波波导结构是矩形波导，根据矩形波导的形状和功能又可以将其分为矩形直波导、矩形曲波导、弯波导和扭波导。

矩形直波导为矩形截面的长直空心金属管，输入的微波以一定的入射角入射至波导，在波导壁面上反射，并以合成波的形式沿着波导轴线方向前进。

除直波导外的另外 3 种矩形波导可以改变电磁波的传播方向。根据电磁波的传播特性，当波导弯曲或扭转时，电传输阻抗的不连续性将导致电磁波的反射，即波导系统失配，失配程度可通过改进波导设计得以减轻。

（1）曲波导

曲波导可实现波导的电场和磁场方向的扭转。图 8-9（a）为电场 E 面和磁场 H 面的单角及双角连接折转，区别在于波导边宽度的不同。

（2）弯波导

由波导连续弯曲而成，能够连续改变电磁波在波导中的传播方向，常用于将微波能量引导到所需要的位置。通过弯曲波导，电磁波可以适应不同的布局和空间限制，实现微波能量的精确传输，见图 8-9（b）。

（3）扭波导

是一种具有螺旋形状的波导结构，由波导端面沿中轴线扭转而成，通过它可以实现微波能量的螺旋传输，见图 8-9（c）。

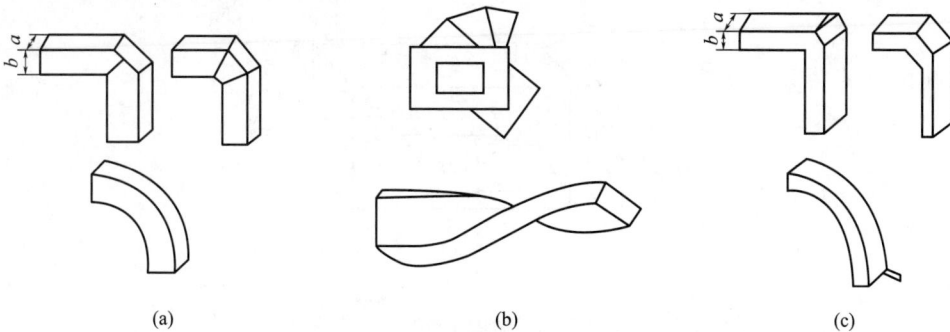

图 8-9　常见的矩形波导结构

(a) 曲波导；(b) 弯波导；(c) 渐变扭波导、阶梯扭波导借助不同形状截面的波导，微波输送、相互连接耦合、改变传输方向等任务可以被完成。从能量损耗的角度来看，电磁场被聚集在波导空间内。因此，微波通过波导传输不存在辐射损耗，仅在波导壁上有面电流引起的少量热损耗。

8.3.3.3　微波干燥腔

微波干燥腔是提供微波电磁场与食品物料相互作用空间的装置，也是物料吸收微波能并最终转化为热能而实现加热的微波加热工作区域。微波干燥腔需要根据被处理物料的结构尺寸、介质损耗、物料受热限度及加工量大小等因素进行选用或专门设计。

（1）微波干燥腔的分类

由于被干燥物料是多种多样的，加热器的种类也较多，可按工作特性大致分为箱式、腔式、波导型、辐射型和慢波型等几种；如果按照微波电磁场作用的形式，可分为驻波场谐振腔加热器、行波场波导器、辐射型加热器和慢波型加热器等几大类。以下列出了各种类型干燥腔的基本特点、加热方式及其应用范围。

① 箱式微波干燥腔：适用于小规模的间歇与连续加热任务，如小规模食品干燥、实验室干燥。

② 腔式微波干燥腔：适用于大规模的连续加热任务，如工业化食品干燥、化工干燥。

③ 波导型微波干燥腔：适用于高功率、高能效的连续加热任务，如材料处理。

④ 慢波型微波干燥腔：适用于对加热过程要求严格的连续性干燥任务，如精细化学反应、纳米材料制备等。

以下以应用最为广泛的箱式干燥腔为例，从结构、工作特性和设计要点等方面加以展开。

（2）箱式干燥腔

微波炉就是一种典型的箱式微波干燥腔，也是微波能加工领域理论最成熟、应用最为广泛的一种驻波场谐振腔加热器。微波炉的谐振腔为矩形，通过多次折射和反射，使微波能量被完全用于物料加热，而在箱壁上的能量损失很小。因此，微波炉在微波能量的利用效率方面表现优异。

① 箱式微波干燥腔的结构

多模箱式微波干燥腔的结构示意图见图 8-10，由托盘、模式搅拌器、微波炉门和观察窗等部件组成。托盘通过旋转带动物料进行均匀加热，同时模式搅拌器则通过不

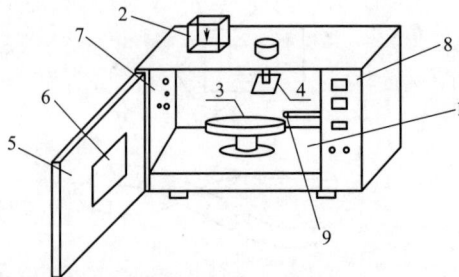

图 8-10　多模箱式微波干燥腔的结构示意图

1—多模矩形腔体；2—微波输入系统；3—托盘；4—模式搅拌器；5—炉门；
6—观察窗；7—排气孔；8—控制面板；9—测温探头

同角度的金属片旋转来改变微波功率的反射路径和模式分布以进一步提高加热均匀性。微波炉门与炉壁的接触要良好，且具有安全闭锁保护装置，确保只能在炉门关闭时才能启动加热过程。观察窗可以用于观察物料的加热情况，同时能够有效防止微波泄漏。

② 箱式微波干燥腔的工作特性

从电磁场特性来看，箱式微波干燥腔实际上是一个两端短路的矩形波导所组成的谐振腔。对于谐振腔而言，腔体内充满电磁场，无法区分电感和电容，因此只能用场的方法进行分析。其工作特性由谐波波长 λ_0（或谐波频率 f_0）、品质因数 Q_0 以及等效电导 G_0 组成。

a. 谐振频率 f_0（resonant frequency）

对于金属空腔谐振器，可以将其看作一段两端短路的金属波导，为了满足金属波导两端短路的边界条件，腔体长度 l 和波导波长 λ_g 应满足：

$$l = p\frac{\lambda_g}{2} \quad (p = 1, 2 \cdots) \tag{8-4}$$

$$\beta = \frac{p\pi}{l} \tag{8-5}$$

其中 β 为相位因数根据 $k^2 = \beta^2 + k_c^2$，即：

$$\omega^2 \mu \varepsilon = \left(\frac{2\pi}{\lambda_g}\right)^2 + \left(\frac{2\pi}{\lambda_c}\right)^2 \tag{8-6}$$

$$f_0 = \frac{v}{2\pi}\left[\left(\frac{p\pi}{l}\right)^2 + \left(\frac{2\pi}{\lambda_c}\right)^2\right]^{1/2} \tag{8-7}$$

其中 λ_c 为截止波长。可见，谐振频率由振荡模式、腔体尺寸以及腔中填充介质（μ，ε）确定，而且在谐振器尺寸一定的情况下，与振荡模式相对应有无穷多个谐振频率。

b. 品质因数 Q_0（quality factor）

品质因数 Q_0 是表征谐振器频率选择性的重要参量，它的定义为：

$$Q_0 = 2\pi\frac{W}{W_T} = \omega_0\frac{W}{P_1} \tag{8-8}$$

式中，W 为谐振器中的储能；W_T 为一个周期内谐振器损耗的能量；P_1 为谐振器的损耗功率。于是有：

$$Q_0 = \frac{\omega_0 \mu}{R_s}\frac{\int_v |H|^2 \mathrm{d}V}{\int_s |H_t|^2 \mathrm{d}S} = \frac{2}{\delta}\frac{\int_v |H|^2 \mathrm{d}V}{\int_s |H_t|^2 \mathrm{d}S} \tag{8-9}$$

式中，δ 为导体内壁趋肤深度。因此，只要求得谐振器内场分布，即可求得品质因数。为粗略估计谐振器内 Q_0 值，近似认为 $|H| = |H_t|$，因而，

$$Q_0 \approx \frac{2V}{\delta S} \tag{8-10}$$

式中　S——谐振器的内表面积，m^2；

　　　V——谐振器的体积，m^3。

由此，品质因数 $Q_0 \propto V/S$，应选择谐振器形状使其 V/S 较大；谐振器线尺寸与工作波长成正比，即 $V \propto \lambda_0^3$、$S \propto \lambda_0^2$，故 $Q_0 \propto \lambda_0/\delta$，由于 δ 仅为几微米，对厘米波段，Q_0 值将在 10^4 至 10^5 量级。

上述讨论中的品质因数是未考虑外接激励与耦合的情况，因此称之为无载品质因数（unloaded Q）或固有品质因数。

c. 等效电导 G_0（equivalent conductance）

等效电导 G_0 是表征谐振器功率损耗特性的参量。若谐振器上某等效参考面的边界上取 c、d 两点，并已知谐振器内场分布，则等效电导 G_0 可表示为：

$$G_0 = R_s \frac{\oint_s |H_t|^2 \mathrm{d}s}{(\int_c^d E \mathrm{d}l)^2} \tag{8-11}$$

式中　G_0——等效电导，S；

　　　　R_s——表面电阻，Ω；

$\oint_s |H_t|^2 \mathrm{d}s$——磁场强度的切向分量（$H_t$）在表面 s 上的平方积分，$A^2 \cdot m$；

$(\int_c^d E \mathrm{d}l)^2$——电场强度 E 沿路径 $c—d$ 的线积分的平方，V^2。

可见，等效电导具有多值性，与所选择的点 c、d 有关。

实际上以上讨论的三个基本参量 f_0、G_0 和 Q_0 的计算公式都是对一定的振荡模式而言的，振荡模式不同则所得参量的数值不同。因此上述公式只对少数形状规则的谐振器可行的。对复杂的谐振器，只能用等效电路的概念，通过测量来确定。

③ 连续箱式干燥腔

又称为隧道箱式干燥腔，是通过将多个箱式干燥腔串联而成的。它通常使用截止波导在加长方向的两端进行密封，从而形成一个连续的加热通道。传输带通过整个干燥腔，上面放置有待加工的物料，只要物料的高度不超过截止波导的限制，就可以实现连续的微波加工过程。连续隧道箱式微波干燥腔的结构示意图见图 8-11，通常采用多个微波源，通过多个馈口向箱体内输送微波功率，以提高功率密度和加热均匀性。

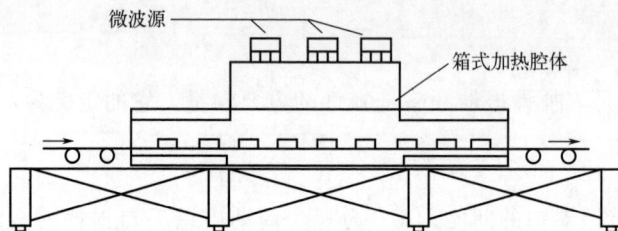

图 8-11　连续箱式微波干燥腔的结构示意图

目前，连续箱式微波干燥腔常用于农产品加工的微波干燥设备中。它通过在箱体两壁开口处设置微波泄漏抑制器，既保证了被处理物料的连续通过，又能有效抑制微波泄漏，确保微波辐射低于国家安全标准。这种设备具有高效能和连续化工业生产的优点。

（3）箱型谐振腔设计要点

矩形谐振腔呈现非单一模式的振荡，即具有多谐性。因此，在设计谐振腔时应使其具有尽可能多的振荡模式，叠加后能获得均匀的能量分布状态。基本设计步骤如下：

① 选定微波加热频率；

② 假定几种符合加工物料要求的腔体几何尺寸，计算其谐振频谱分布；

③ 选择其中场强分布较为均匀的那一种腔体几何尺寸；

④ 根据该腔体的主要工作模式，确定微波输入的耦合模式，以保证激励出所需的工作模式。

138

需要指出的是，微波工频只能在 915MHz 和 2450MHz 之间选择，选择时应综合考虑频率与加热速度和穿透深度的关系、物料的介电性质、比热容等因素。

8.3.4　组合式微波干燥

微波干燥由于其"全体积"的整体加热模式，与传统干燥方式相比，具有干燥速率快、高效节能、清洁生产、易实现自动化控制和保持产品质量等优点。另一方面，微波干燥消耗的是高品位的电能，但从电能到微波能的转化率只有大约 50%，并且微波干燥设备的购置成本通常较高，因此这种技术通常适合干燥具有高附加值的产品。

微波主要是用来迅速去除水分而不在物料内部产生温度梯度，或用于去除在普通干燥过程后期需要花费很长时间去除的少量结合水分。一般来讲，微波加热需要和热风、真空、冷冻干燥科学合理地结合起来，避免单一微波干燥的弊端，以实现节能降耗和品质提升。

8.3.4.1　微波-热风联合干燥

热风干燥的主要缺点是干燥时间较长，以及降速干燥阶段物料内部水分向外扩散速度降低而导致表面形成硬壳。微波因其特殊的体加热方式使物料温度在短时间内快速升高，而体加热使温度梯度同水分蒸发方向一致，提高干燥推动力致使干燥时间非常短（一般可缩短 50% 左右或更多），微波还可以通过提高扩散速率和向表面及时提供水分来缓解这些问题。

微波干燥为全体积加热，在水分散失不及时的条件下，物料会因过热而劣变。微波干燥速度过快，最终水分含量会难以控制，这些工艺缺陷都向单一的微波干燥提出了挑战。在开始和最终阶段利用热风干燥分别可以实现节省能源、控制产品最终状态等优势。

热风干燥过程中热空气可以有效地排除物料表面的自由水分，脱水过程温和、缓慢，能保证物料的细胞骨架不被破坏；微波干燥可以加速物料内部水分的迁移。通过微波和热风干燥的组合，可以提高用能效率，改善干燥品质。

（1）微波-热风干燥的组合方式

① 微波-热风耦合干燥

微波和热风同时作用于物料，通过内外协同脱水来优化干燥过程，即热风排除物料表面的自由水分，微波加热利用其独特的"泵"效应（内部水分快速汽化形成压力梯度）排除内部的自由水分和结合水分。两种干燥方式的叠加能够极大地提高干燥速率，微波-热风耦合干燥的速度高于微波干燥，更高于热风干燥。图 8-12 为微波-热风耦合干燥装置，待干燥的食品物料置于微波干燥腔中的穿孔聚四氟乙烯板（polytetrafluoroethylene，PTFE）上，经电加热器加热的空气从板孔中流过，空气流动的动力来自鼓风机，空气流量由流道上的阀门进行调节。控制面板可设置微波源控制参数，并对干燥过程进行监控。

② 热风-微波分阶段组合干燥

热风和微波干燥以串联的方式进行组合。与二者同时作用的组合干燥相比，热风和微波配合的方式更加灵活。在设计干燥工艺中，微波的接入可以选择三个时机，即初始阶段、降速第一阶段和低含水量第二阶段。

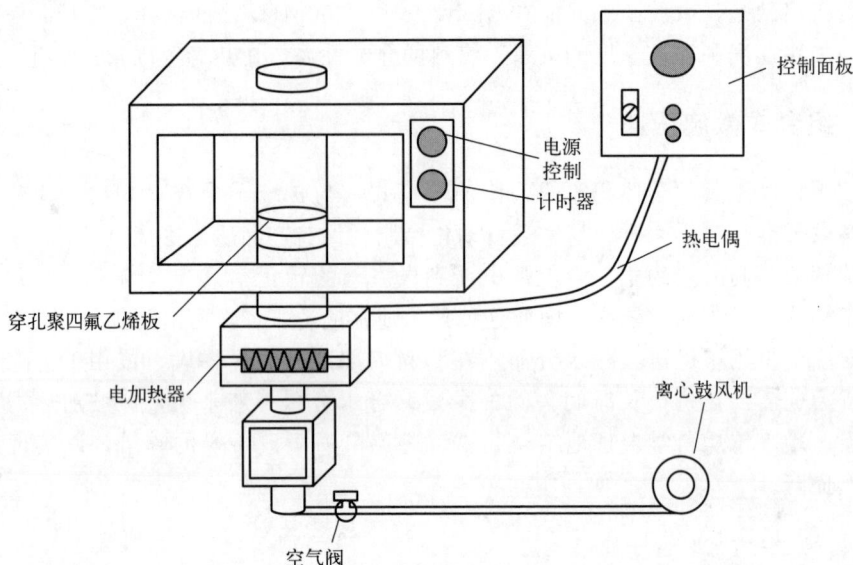

图 8-12　微波-热风耦合干燥装置

　　初始阶段微波接入可以使物料快速升温，打开水分向外迁移的通道；降速第一阶段物料表层是干的，水分集中在内部，此时应用微波干燥，内部产生热蒸汽压迫使水分溢向表面，迅速将其去除；在低含水量第二阶段，采用热风干燥时会因内部水分难以扩散导致干燥过程停滞，用微波加热则可加快水蒸气外移。

　　热风-微波组合可以提高干燥效率和经济性，在不破坏最终产品品质特性的情况下，大大缩短干燥时间。

　　(2) 微波-热风干燥对产品品质的改善

　　微波热风联合干燥技术作为一种先进的干燥方法，近年来在食品、药材和化工原料等领域得到了广泛的应用。与传统的热风干燥或微波干燥相比，微波热风联合干燥能显著改善干燥效率和产品质量。

　　① 保持营养成分

　　微波热风联合干燥技术在保留食品营养成分方面表现出色，特别是维生素和氨基酸。微波的瞬时加热特性有效地减少了长时间高温对这些营养成分的损害，而热风循环则能够迅速带走蒸发的水分，从而降低营养成分随水流失的风险。根据 Bengi 等人的研究，与传统热风干燥方法相比，采用微波热风联合干燥的苹果片在维生素 C 和氨基酸的保留率上都有显著提升。这种干燥方式不仅提高了苹果片的营养价值，还确保了其在干燥后的质量优势。

　　② 提升色泽和风味

　　在干燥技术领域，保持食品的原始色泽和独特风味是衡量干燥效果的关键标准。Ning 等人的研究发现，使用微波热风结合干燥技术处理的人参切片，在色泽和风味的保持上明显优于传统干燥方法。这种干燥方式之所以能够更好地保留食品的自然色泽和风味，是因为微波加热的均匀性有效防止了局部高温导致的色泽变深和风味物质的破坏。同时，热风的循环作用为干燥过程提供了一个更加适宜的环境，有助于维持食品的色泽和风味，同时减少了如美拉德反应等可能导致风味劣变的化学反应。

③ 改善复水性

复水性是干燥产品的一个关键属性，直接影响其食用和加工性能。Chen 和 Wang 的研究表明，相比于热风干燥，微波热风联合干燥的桂圆干在复水性上表现更佳。这种干燥方法通过精确控制水分蒸发速率和结构变化，使得桂圆干在复水后能更快恢复到原始状态，不仅复水时间明显缩短，而且复水后的口感和形态更接近新鲜桂圆，极大地提升了产品的食用和加工性能。

8.3.4.2　微波-真空联合干燥

真空干燥和微波干燥在干燥工艺中具有不同的优势和局限性。传统真空干燥通过传导方式提供热能，但干燥速度较慢，耗时长，能耗高。而微波干燥以微波辐射加热物料，具有快速高效的特点，但在高温干燥条件下可能会损害物料的品质。微波真空干燥将微波干燥和真空干燥相结合，充分发挥了它们的优势。在真空环境下，水的沸点降低，物料中水分的扩散速度加快，可在低温和少氧的条件下进行干燥，避免了热损害。微波辐射能直接加热物料，不需要通过对流或传导方式传递热量，解决了真空干燥速度缓慢的问题。

（1）微波-真空联合干燥装置

微波-真空转鼓干燥器是一种利用微波能和真空环境的组合方式进行干燥的设备。它主要由微波发生器、真空系统、转鼓、传输系统和控制系统组成，结构见图 8-13。微波发生器：微波发生器产生高频微波辐射能，可调节微波功率和频率，提供加热能源。真空系统：设备配备真空系统，可以控制和调节转鼓的内外压强；通过降低压强，降低物料内水的沸点，加速水分蒸发。转鼓：转鼓是装载物料的容器，通常由不锈钢制成，具有良好的耐高温、耐腐蚀性能；物料通过转鼓旋转和传输系统的作用，达到均匀受热和干燥的效果。传输系统：传输系统用于控制物料在转鼓中的运动，确保物料能够均匀受热；通常包括物料进料口、排料口和旋转装置等。控制系统：设备配备

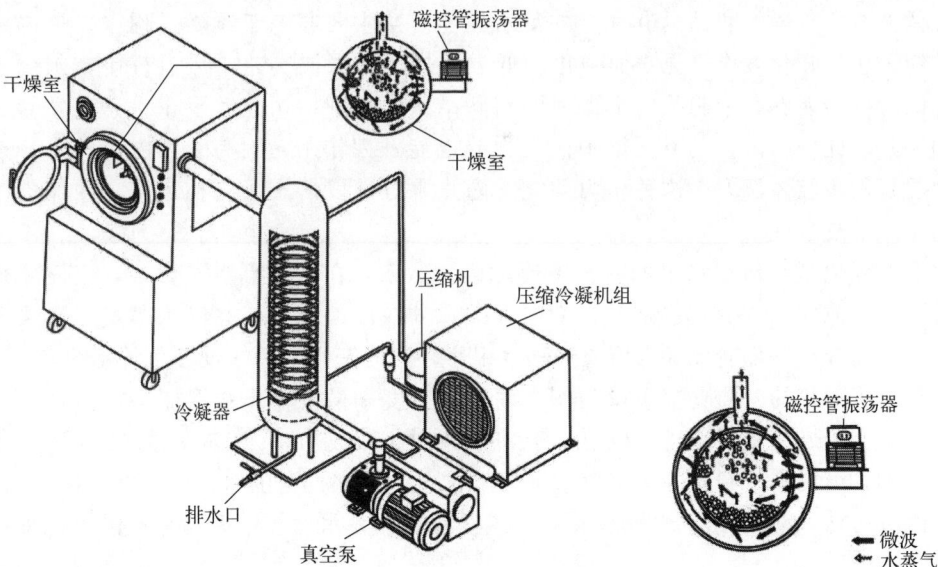

图 8-13　微波-真空转鼓干燥器

先进的控制系统，可以监测和调节微波功率、真空度和转鼓温度等参数；通过精确的控制，保证干燥过程的稳定性和效果。

微波-真空转鼓干燥器通过微波辐射和真空环境的联合作用，能够快速、均匀地将物料中的水分蒸发出去，在低温、高效和保持物料品质等方面具有优势。它既能实现快速的干燥过程，又能保持物料的原有特性，例如色泽、香味和热敏性物质。因此，微波真空干燥在许多行业，特别是食品、药品和化工领域具有广阔的应用前景。

（2）微波-真空干燥对产品品质的改善

真空干燥的原理是随着工作压强的降低，溶剂（水）的沸点下降，扩散速度加快。因此，真空条件可以使水分的沸点下降到较低水平，使得物料干燥可以在较低温度下进行，能够克服热风干燥所产生的溶质散失和品质下降的问题。

① 营养成分保留率高

相较于热风干燥，微波真空干燥过程中采用了低温环境、快速干燥和低氧条件。

微波真空干燥的低温环境和低氧条件，可以有效防止果蔬食品的氧化变质，同时微波热源可快速加热，因此干燥时间较短。这种条件下，物料的营养成分、色香味等特性能够得到更好保留。研究表明，微波真空干燥食品的功能成分保留率较高，与传统干燥方式相比具有显著优势。

相关研究发现，在微波真空干燥的蔬菜中，维生素 C 的含量与冷冻干燥产品相比没有显著差异，但是比热风干燥高出 4.5 倍。而在干燥胡萝卜片时，微波真空干燥能够更好地保留热敏性维生素；胡萝卜素的保留率在热风干燥和微波真空干燥中分别为38％和79％。

微波真空干燥相对于热风干燥，能够更好地保持产品的色、香、味、营养素以及热敏性和易氧化的生物活性组分。这使得微波真空干燥在许多食品加工领域具有巨大的优势。

② 复水性好

微波真空干燥的产品具有优异的复水性能。这主要归因于干燥过程中发生的一系列效应，包括膨化效应、无表面硬化和低温干燥。在微波真空干燥过程中，水分蒸发产生的膨胀力能够在干制品内部形成蜂窝状结构。这种结构能够阻止水分蒸发导致的结构塌陷。此外，微波真空干燥中的压力差也能发挥作用，因为食品内部的水分蒸气压力明显高于腔体压力。这种压力差能够防止水分蒸发后产生结构塌陷，从而进一步提高产品的复水性。

表面硬化是影响复水率的一个主要障碍。然而，在微波真空干燥中，表面硬化现象得以消除或大大减少。这是因为物料内的水分在原处蒸发，并以水蒸气的形式向外扩散，继而导致内部向外部的溶质迁移量很小，因此基本不会导致表面硬化的发生。

针对香蕉片的微波真空干燥实例，调整真空度和微波输出强度能够灵活地控制产品的温度和干燥速率。通过在压力小于 25mbar ❶、微波功率为 150W 的条件下进行 30分钟干燥，可以将干制品的干基含水量控制在 5％～8％的范围内。与传统的干燥方法相比，微波真空干燥能够生产出口感良好、风味独特且复水性佳的香蕉片产品。此外，这

---

❶ 1mbar＝100Pa。

种干燥方法还能够保持产品的鲜黄色，避免了收缩现象的发生，进一步提高了产品的品质和口感。

微波真空干燥的产品具有卓越的复水性能，这得益于膨化效应、无表面硬化和低温干燥等干燥过程中的特殊效应。微波真空干燥能够生产出口感好、风味独特且复水性佳的干制产品，为食品行业带来了新的干燥方法和品质标准。

③ 产品质地结构

根据电子扫描显微镜观察，微波真空干燥和冷冻干燥的产品具有相似的结构。这种相似的结构可能与微波真空干燥赋予食品的多孔性和膨化性有关。通过微波真空干燥蘑菇的实验，发现微波功率、系统压力和物料厚度对干燥过程和复水性能有显著影响。与传统对流干燥相比，微波真空干燥的干燥时间可以缩短70%至90%不等，并且产品的复水性能更好。在研究过程中，还建立了薄层蘑菇片的 Page 干燥模型以及复水率的数学模型。

通过电镜扫描图像可以清楚地看到，热风干燥的样品没有多孔结构，而微波真空干燥的样品具有膨胀的多孔结构。而且，随着真空度的增加，样品的多孔结构变得更加明显。这种多孔结构使得微波真空干燥的食品具有酥脆的口感，与冷冻干燥产品的富有弹性和热风干燥产品的坚硬不同。微波真空干燥通过赋予食品多孔结构和膨化性，创造出独特的口感，为消费者提供了一种全新的食品体验。

通过电镜观察和实验研究，证明微波真空干燥的食品在干燥过程和复水性能方面具有优势。这种干燥方法的特性为食品行业带来了新的可能性，并丰富了食品的口感和质感。

8.3.4.3 微波-冷冻联合干燥

微波-冷冻即微波-真空冷冻，因冷冻干燥中升华的持续进行需要真空环境。常规真空冷冻干燥是一种将固态物料或溶液在低温下冻结，并在真空状态下使冰晶直接升华成水蒸气以完成脱水干燥的方法。传统的冻干技术通常采用表面加热方式，包括接触加热和辐射加热。由于冻干过程中干层的导热系数很小，比冻结层小一个数量级，供热阻力大。因此，随着冻干过程的进行，干层逐渐形成，并且变得越来越厚，导致干燥速率逐渐下降，使得整个过程持续时间很长。实践经验表明，残余水分干燥的时间与大量水分升华的时间几乎相等，有时甚至还会超过。

微波真空冷冻干燥技术是在传统的真空冷冻干燥工艺基础上融入了微波加热方法。它利用微波发生器向已冻结的含水物质提供升华潜热，在真空和共晶温度以下的条件下进行升华干燥。与传统的对流传热方式不同，微波加热能够高效地为冻结物料提供升华热源，具有能量转化率高的特点。此外，微波加热还避免了干层传热阻力引起的能量损耗，并避免了传热传质方向相反导致的能量损耗。微波加热使物料内外同时受热，提高了加热效率，缩短了冻干时间，降低了能耗。

（1）微波-真空冷冻装置

微波-真空冷冻干燥腔（microwave vacuum freeze-drying device）是一种将食物或药品通过真空环境下的冷冻和微波辐射进行干燥的设备。它通常包括一个微波发生器、一个真空室、一个制冷系统和一个干燥室，结构见图 8-14。首先，样品会在低温下被快速冷冻，使水分凝固成冰。然后，将样品转移到真空室中，创建一个低压环境。在这种真空环境下，通过微波辐射来加热样品，使冰直接从固态转化为气态，从而实现快速干燥。通过真空环境，减压可以降低水的沸点，促进水分的蒸发。微波加热能够快速均匀地加热样品，从而提高干燥速度。真空环境可以降低水的沸点，减少气液相转化时的冷凝问题，提高干燥效率。同时，较低的干燥温度和真空环境可以减少营养成分和药效的损失，保持样品的品质。

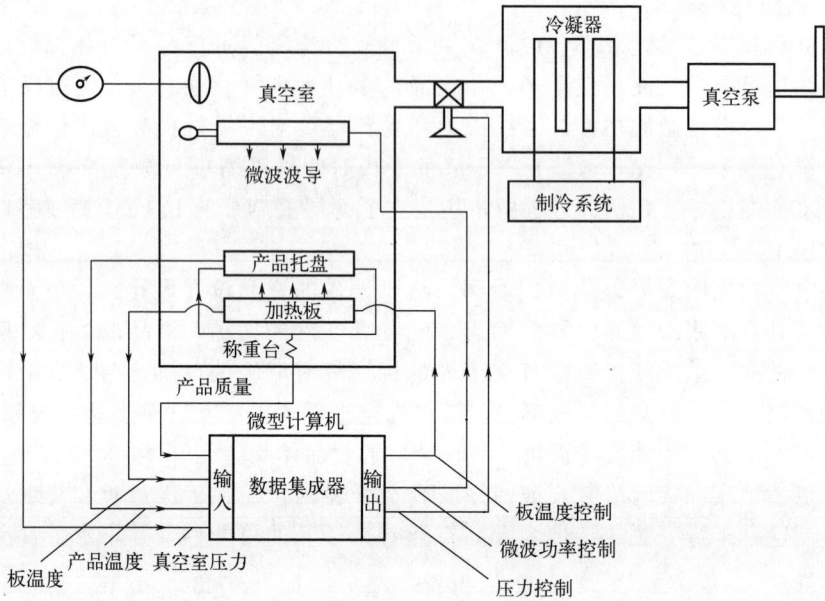

图 8-14 微波-真空冷冻干燥腔

通过微波真空冷冻干燥技术，冻结物料在真空状态下能够更快速地完成干燥过程。微波加热能够使干燥物料内部和外部均匀受热，提高了干燥速率和效率。此外，微波加热还能解决传统热传导方式在真空冷冻中加热缓慢的问题。微波真空冷冻干燥技术为食品和其他行业的干燥过程带来了新的可能性，提供了更高效、节能的解决方案。

（2）微波-真空冷冻干燥对产品质量的改善

冷冻干燥是一种在低温和高真空状态下进行的干燥方法，特别适用于热敏性高和容易氧化的食品。它能够保持食品的色香味和营养成分，同时对细菌的生物活性有抑制作用，延长了产品的保存时间。与其他干燥方法相比，冷冻干燥能够保持物料原有的固体骨架结构，使干制品保持形态完整、品质良好。在冻干过程中，水分迅速升华，形成多孔结构，使得冻干制品具有理想的速溶性和快速复水性，复水后更接近新鲜食品的口感。另外，冷冻干燥过程中溶于水的可溶性物质会就地析出，避免了一般干燥方法中因物料内部水分向表面迁移而造成的表面硬化和营养损失的问题。冷冻干燥的食品经过真空或充氮包装以及避光保存，可以保持长时间的稳定性，最长可达 5 年。相比速冻食品，它不需要昂贵的冷藏链，被认为是生产高品质食品的最佳方式之一。

通过对冬枣片采用微波冻干和常规冻干两种方法进行干燥的比较，得到以下结果：微波冻干和常规冻干两种方式对冬枣片的感官品质差异很小。微波冻干冬枣片的维生素 C 保存率为 87.51%，稍高于常规冻干冬枣片的 85.01%。微波冻干冬枣片的组织结构基本没有改变，毛细管和气孔等腔室结构保持较完整，形状整齐，微观结构质地疏松。而常规冻干冬枣片的组织结构略有收缩。两种冻干方法对冬枣片的物性结构影响较小，不显著。此外，微波冻干的能耗比常规冻干低 52.58%。微波冻干冬枣片的质量指标接近甚至超过常规冻干冬枣片，而能耗值却显著低于常规冻干方法。研究表明，与常规冻干方法相比，微波冻干工艺能够加工出总体质量更好的产品，并且具有显著的节能效果，因此具有很好的应用前景。

【复习思考题】

1. 与传统热风干燥相比，介电干燥的优势主要体现在哪个方面？

2. 微波干燥食品怎样保证加热的均匀性？

3. 食品主要组分的介电特性在设计干燥工艺中应如何考虑？

4. 说明微波干燥的基本原理。

5. 微波干燥系统主要由哪几部分组成，核心部分是什么？

6. 间歇式微波干燥有何优势？

7. 试述介电干燥技术在食品干燥领域面临的机遇和挑战。

8. 如何将介电干燥技术与其他节能技术（如太阳能、热泵）结合，以提高干燥过程的总体能效？

◆ 参考文献 ◆

[1] Kemp I C. Drying in the context of the overall process[J]. Drying Technology, 2004, 22 (1-2): 377-394.

[2] Qu H, Masud M M, Islam M, et al. Sustainable food drying technologies based on renewable energy sources[J]. Critical Reviews in Food Science and Nutrtion, 2022, 62 (25): 6872-6885.

[3] 刘相东, 李占勇. 现代干燥技术[M]. 北京: 化学工业出版社, 2021.

[4] Dinçer İ, Zamfirescu C. Drying Phenomena[M]. Chichester: John Wiley & Sons, 2016.

[5] Minea V. Heat-pump-assisted drying: Recent technological advances and R&D needs[J]. Drying Technology, 2013, 31 (10): 1177-1189.

[6] 夏文水. 食品工艺学[M]. 北京: 中国轻工业出版社, 2020.

[7] 曾庆孝, 李汴生, 陈中, 等. 食品加工与保藏原理. [M] 北京: 化学工业出版社, 2015.

[8] 葛长荣, 马美湖. 肉与肉制品工艺学[M]. 北京: 中国轻工业出版社, 2013.

[9] Jin X, Van der Sman R G M, Van Straten G, et al. Energy efficient drying strategies to retain nutritional components in broccoli (Brassica oleracea var. italica)[J]. Journal of Food Engineering, 2014 (123): 172-178.

[10] Zielińska M, Zapotoczny P, Alves-Filho O, et al. A multistage combined heat pump and microwave vacuum drying of green peas[J]. Journal of Food Engineering, 2013, 115 (3): 347-356.

[11] Kemp I C. Pinch analysis and process integration[M]. Burlington: Butterworth-Heinemann, 2007.

[12] 于才渊, 王宝和, 王喜忠. 干燥装置设计手册[M]. 北京: 化学工业出版社, 2002.

[13] Asghari A, Zongo P A, Osse E F, et al. Review of osmotic dehydration: Promising technologies for enhancing products' attributes, opportunities, and challenges for the industries[J]. Comprehensive Reviews in Food Science and Food Safety, 2024, 23: 1-28.

[14] Kudra T. Energy aspects in food dehydration, Advances in food dehydration[M]. Boca Raton: CRC Press, 2009.

[15] Shi X Q, Fito P, Chiralt A. Influence of vacuum treatment on mass transfer during osmotic dehydration of fruits[J]. Food Research International, 1995, 28 (5): 445-454.

[16] Beaudry C, Raghavan G S V, Ratti C, et al. Effect of four drying meths on the quality of osmotically dehydrated cranberries[J]. Drying Technology, 2004, 22 (3): 521-539.

[17] Rahman M S, Perera C O. Drying and food preservation, in Handbook of food preservation[M]. Boca Raton: CRC Press, 2007.

[18] Gunasekaran S. Pulsed microwavevacuum drying of fo materials[J]. Drying Technology, 1999, 17 (3): 395-412.

[19] Varith J, Dijkanarukkul P, Achariyaviriya A, et al. Combined microwave-hot air drying of peeled longan [J]. Journal of Food Engineering, 2007, 81 (2): 459-468.

[20] McLoughlin C M, McMinn W A M, Magee T R A. Microwave drying of multi-component powder systems[J]. Drying Technology, 2003, 21 (2): 293-309.

[21] Beaudry C, Raghavan G S V, Rennie T J. Microwave finished drying of osmotically dehydrated cranberries[J]. Drying Technology, 2003, 21 (9): 1797-1810.

[22] Piotrowski D, Lenart A, Wardzynski A. Influence of osmotic dehydration on microwave-convective drying of frozen strawberries[J]. Journal of Food Engineering, 2004, 65 (4): 519-525.

[23] Erle U, Schubert H. Combined osmotic and microwave-vacuum dehydration of apples and strawberries[J]. Journal of Food Engineering, 2001, 49 (2-3): 193-199.

146

［24］ Rowley A T. Thermal technologies in food processing［M］. Cambridge：Wood head Publishing，2001.

［25］ Vicente A，Castro I A. Thermal and non-thermal food preservation technologies，in Advances in thermal and non-thermal food preservation［M］. Iowa：Blackwell，2007.

［26］ Al-Harashan M，Al-Muhtaseb A H，Magee T R A. Microwave drying kinetics of tomato pomace：Effect of osmotic dehydration［J］. J. Chem. Eng. Process，2009，48（1）：524-531.

［27］ Prothon F，Ahrne L M，Funebo T，et al. Effects of combined osmotic and microwave dehydration of apple on texture，microstructure and rehydration characteristics［J］. Lebensm. Wiss. Technol，2001，34（2）：95-101.

［28］ Drouzas A E，Schubert H. Microwave application in vacuum drying of fruits［J］. Journal of Food Engineering，1996，28（2）：203-206.

［29］ Lin T M，Durance T D，Scarman C H. Characterisation of vacuum microwave air and freeze dried carrot slices［J］. Food Research International，1998，31（2）：111-117.

［30］ Sunjka P S，Rennie T J，Beaudry C，et al. Microwave convective and microwave-vacuum drying of cranberries：A comparative study［J］. Drying Technology，2004，22（5）：1217-1231.

［31］ Ahrens G，Kriszio H，Langer G. Microwave vacuum drying in the fo processing industry［J］. Report from the 8th International Conference on Microwave and High Frequency Heating，Bayreuth，Germany，2006：426-435.

［32］ Sharma A，Tyagi V V，Chen C，et al. Review on thermal energy storage with phase change materials and applications［J］. Renewable and Sustainable Energy Reviews，2009，13（2）：318-345.

［33］ Leon M A，Kumar S，Bhattacharya S C. A comprehensive procedure for performance evaluation of solar food dryers［J］. Renewable & Sustainable Energy Reviews，2002（4）：367-393.

［34］ Jain D，Tiwari G N. Effect of greenhouse on crop drying under natural and forced convection II. Thermal modeling and experimental validation［J］. Energy Conversion & Management，2004，45（17）：2777-2793.

［35］ Kumar S N，Elavarasan E，Madurai R E，et al. Review on solar dryers for drying fish，fruits，and vegetables［J］. Environmental science and pollution research international，2022，29：40478-40506.

［36］ Kabeel A E，Khalil A，Shalaby S M，et al. Experimental investigation of thermal performance of flat and v-corrugated plate solar air heaters with and without PCM as thermal energy storage［J］. Energ Conversion and Management，2016，113（1）：264-272.

［37］ 伊松林，张璧光，何正斌. 太阳能干燥技术及应用［M］. 北京：化学工业出版社，2021.

［38］ Alves-Filho O. Heat pump dryer theory，design and industrial applications［M］. Boca Raton：CRC Press，2015.

［39］ Ekechukwu O V，Review of solar-energy drying systems I：an overview of drying principles and theory ［J］. Energy Conversion and Management，1999，40（6）：593-613.

［40］ Qiu Y，Li M，Hassanien R H E，et al. Performance and operation mode analysis of a heat recovery and thermal storage solar-assisted heat pump drying system［J］. Solar Energy，2016，137（1）：225-235.

［41］ Luna D，Nadeau J P，Jannot Y. Model and simulation of a solar kiln with energy storage［J］. Renewable Energy，2010，35（11）：2533-2542.

［42］ Regier M，Knoerzer K，Schubert H. The microwave processing of foods［M］. Cambridge：Woodhead Publishing，2017.

［43］ Kumar C，Karim M A，Joardder M U H. Intermittent drying of food products：A critical review［J］. Journal of Food Engineering，2014，121：48-57.

［44］ Ong S，Law C L，Hii C L. Effect of pre-treatment and drying method on colour degradation kinetics of dried salak fruit during storage［J］. Food and Bioprocess Technology，2011，5（6）：2331-2341.

［45］ Ong S，Law C L. Drying kinetics and antioxidant phytochemicals retention of salak fruit under different drying and pre-treatment conditions［J］. Drying Technology，2011，29（4）：429-441.

［46］ Lund J W. Direct heat utilization of geothermal resources［J］. Renewable Energy，1997，10（2-3）：403-408.

［47］ 李树君. 农产品微波组合干燥技术［M］. 北京：中国科学技术出版社，2015.

［48］ Mujumdar A S. Handbook of industrial drying［M］. Boca Raton：CRC Press，2014.

［49］ Ning X F，Feng Y L，Gong Y J，et al. Drying features of microwave and far-infrared combination drying on white ginseng slices［J］. Food Food Science and Biotechnology，2019，28（4）：1065-1072.

［50］ Chen L，Wang Y. Comparative study on the quality of dried longan by microwave-hot air combined drying and hot air drying［J］. Food Science and Human Wellness，2018，7（4）：207-212.